할아버지가 들려주는

물리의 세계

1

Spaß und Spannung mit Physik

by Thomas Ditzinger

Copyright ⓒ 1999 Südwest Verlag Munich
All rights reserved.

할아버지가 들려주는 물리의 세계 1

초판 1쇄 발행일 2002년 3월 2일　**초판 10쇄 발행일** 2009년 7월 20일

지은이 토마스 디칭어 | **옮긴이** 권세훈
펴낸이 박재환 | **편집** 유은재 이지혜 이정아 | **관리** 조영란
펴낸곳 에코리브르 | **주소** 서울시 마포구 서교동 468-15 3층(121-842) | **전화** 702-2530 | **팩스** 702-2532
이메일 ecolivre@korea.com | **출판등록** 2001년 5월 7일 제10-2147호
종이 대림지업 | **인쇄** 상지사 진주문화사 | **제본** 상지사

ISBN 89-90048-01-X 04420
ISBN 89-90048-00-1 (세트)

책값은 뒤표지에 있습니다.　잘못된 책은 바꿔드립니다.

지혜로움을 더하는 책들 ❶

할아버지가 들려주는
물리의 세계

1

토마스 디칭어 지음 | 권세훈 옮김

에코리브르

머리말

사과는 왜 밑으로 떨어질까? 고무 풍선은 왜 하늘로 날아갈까? 나침반의 바늘은 어째서 북극을 가리킬까? 피겨 스케이팅 선수가 공중회전을 하고 지구가 자전을 하는 비결은 무엇일까?

물리학은 수많은 질문을 던지고 답한다. 하늘은 왜 파란색일까? 왜 강물에는 굴곡이 있을까? 왜 어떤 날은 비가 내리고 어떤 날은 그렇지 않을까? 어째서 일기예보는 잘 맞지 않을까? 도대체 우리의 세계는 어떻게 움직이는 걸까? 이 세계는 과연 존재하는 것일까?

질문이 없으면 대답도 없다. 다만 머리말에서는 당신이 물리학과 자연의 기적에 관한 책을 왜 읽어야 하는지에 대한 질문에만 대답할 생각이다. 혹시 당신은 지금 서점에서 스스로에게 이런 질문을 하고 있을지도 모른다.

다른 모든 질문과 대답은 이 책의 본문과 물리학 안에 들어 있다. 어떤 문제를 풀기 위해 노력하면 할수록 그 해답은 더욱 멋지고 중요해진다.

가령 어린아이에게 망치를 준다면 아이는 아마도 "야, 참 좋은데!"라고 말할 것이다. 아이에게는 갑자기 모든 것이 못으로 보인다. 그러나 아이가 이전에 돌멩이를 갖고 놀다가 돌멩이로 못을 박으려는 생각을 해본 적이 있다면 사정은 완전히 달라진다. 그런 아이는 나중에 망치를 훨씬 더 소중히 여기게 된다.

지난 세기에 물리학은 엄청나게 발전하여 철학으로부터 학문의 어머니이자 '시장 주도자'의 역할을 빼앗았다.

이 책을 통해 얻을 수 있는 한 가지 경험은 작은 사물도 큰 사물만큼이나 중요하다는 것이다. 작은 사물은 아직 손에 익지 않았을 뿐인 경우가 가끔 있다.

자연에 대한 설명

대부분의 질문에 답을 얻기 위해 활용할 수 있는 강력한 도구가 물리학이다. 모든 위대한 발명들은 물리학의 도움을 받아 이룩하였으며 그 과정을 설명할 수 있었다.

물리학은 매우 강력한 도구이다. 어느 정도 시간을 내어 문제에 도전하는 사람만이 물리학을 올바로 평가할 줄 안다. 왜냐하면 망치를 가지고 있다고 해서 모든 것을 못으로 생각해서는 안 되기 때문이다. 이것을 중재하는 일이 이 책의 목적 가운데 하나이다.

물리학은 자연과 역학의 현상 및 법칙들을 논리적인 방법으로 가능한 한 간단하고 이해하기 쉽도록 설명하는 데 그 목적이 있다.

물리학은 소수의 주춧돌 위에 세워진, 경이롭고 스스로 설득력을 지닌 사상들의 건물이다. 이러한 주춧돌은 매우 특별한 성격을 지니고 있다. 이른바 기본 공리에 따르면 이것은 그냥 존재할 뿐이며 물리학적인 방법을 통해서도 더 이상 설명할 수 없다. 중력 · 전자기장 · 원자핵을 구성하는 요소들의 상호 작용 등이 여기에 속한다. 앞으로 이 책에서 밝혀지겠지만 이처럼 물리학의 토대를 이루는 기본 법칙들은 우리 시대 대부분의 문제를 이해하는 데 필요한 열쇠이다. 그러한 법칙들은 때때로 간단하고 깜짝 놀랄 만한 해결책을 제시한다.

직접 무엇인가를 만들어보는 등 창조적인 체험에 바탕을 둔 놀라운 실험과 마술을 통해 가장 중요한 물리학적 현상들을 볼 수 있다. 역학 · 비행 · 물에 뜨거나 떠다니는 현상 · 빛 · 전류 분야에서의 상이한 효과들이 여기에 속한다.

매혹적인 실험

이 책이 추구하는 목적에 도달하기 위해서는 나이에 상관없이 모든

손가락으로 망치의 무게 중심을 알아내기 위한 실험.

독자들은 자연과학적인 사고방식을 지향해야 한다. 매혹적이면서도 쉽게 따라할 수 있는 많은 실험들을 따라하다보면 역학과 자연에서 물리학의 탁월한 역할이 조명된다. 이를 통해 독자는 수시로 우리 주변의 크고 작은 사물들에 경탄할 것이다.

당신도 어린 얀, 그의 할아버지 그리고 이 책을 읽는 도중에 만나는 그들의 친구들과 함께 물리학의 다양한 기적을 경험하는 모험 여행을 떠나보기 바란다.

제1장에서 당신은 역학과 관련한 경이로운 서커스를 구경하게 된다. 공과 중력을 이용하여 곡예를 부리는 어릿광대를 비롯하여 사과나무 밑에 누워 있다가 갑자기 기발한 생각을 떠올린 위대한 인물, 아이작 뉴턴 경을 만날 수 있다. 또한 줄타기 곡예사, 춤추는 코끼리, 운동 법칙, 당구공이 서로 충돌할 때의 원리, 원반을 던질 때의 회전 법칙 등에 관한 이야기가 펼쳐진다. 이밖에도 고양이가 높은 곳에서 떨어질 때 늘 발이 먼저 땅에 닿는 이유도 알게 된다.

자연 법칙의 체험

제2장에서 당신은 하늘을 날고 싶어하는 얀의 꿈과 만난다. 공기를 가득 넣지 않은 풍선이 팽팽한 풍선보다 더 멀리 날아가는 이유와, 직접 날개를 만들어 날아오른 이카로스가 바다에 떨어질 수밖에 없었던 이유 등을 알 수 있다. 비행과 물 위에 뜨는 현상의 원리를 발견하고, 아울러 에펠 고더드의 정원이 달 착륙과 무슨 관계가 있는지를 알게 된다. 또한 공기가 왜 중요하며 무엇으로 이루어져 있는지에 대해서도 배운다. 새들의 비밀과 울름의 전설적인 재단사가 추락한 이유도 여기에서 밝혀진다. 당신은 태풍으로 바뀌는 강력한 바람 속으로 들어가 베르누이의 정리를 알게 되는 동시에 비행과의 상관 관계

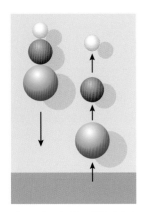

당구공 운동의 기본 법칙은 운동량의 보존이다.

야느와 할아버지는 그 사이에 출발할 채비를 갖춘 뒤 '하느님이 우주를 창조하는 데 얼마나 오래 걸렸을까'라는 수수께끼를 풀려고 한다.
야느이 하늘을 처다보며 묻는다.
"하느님, 창조를 위한 수십억 년의 세월이 당신에게는 1초와 같다는 말이 사실인가요?"
"맞다!" 부드러운 목소리가 실제로 위에서 들려온다.
"하느님, 당신에게는 수십억 마르크가 1페니히와 같다는 것도 사실인가요?"
"맞다!" 똑같은 목소리가 다시 한 번 위에서 들려온다.
"그러면 저에게 그런 1페니히를 줄 수 있나요?" 야느이 묻자 하느님이 말하길,
"나에게 1초를 다오!"

를 발견할 수 있다.

물리학적인 기적

제3장에서 당신은 야느과 그의 할아버지와 함께 하와이의 멋진 섬으로 가게 된다. 그곳에서 서커스 단장과 그의 고양이와 함께 당신은 물과 유체 물리학의 기적을 체험하게 된다.

파도타기를 하려는 어떤 사람이 해변에서 하와이의 명물인 거대한 파도의 생성에 대해 설명한다. 폭포는 어떻게 생겨나며, 배가 어떻게 물 위에 뜨는지, 왜 아르키메데스라는 늙은 그리스인이 벌거벗은 채 시칠리아의 도시 시라쿠사 중심가를 달렸는지도 알게 된다. 또 아침에 이를 닦고 손을 씻을 때 몇 가지 물리학적 비결을 이용하면 특별한 일이 일어날 수 있음을 이해할 것이다. 당신은 또 물이 왜 중요하며, 왜 홀로 있지 않는지, 어째서 여러 겹의 띠를 이루는지를 비롯하여 몇몇 생명체는 심지어 물 위를 달릴 수 있다는 사실도 알게 된다.

라디오 조립

고단하게 섬을 일주하고 난 다음에는 단장의 집에 다다른다.

제4장에서 단장은 매력적인 전자기 현상을 보여준다. 당신은 건전지 없이 작동하는 라디오를 조립하는 방법과 전화 도청 방법을 배우게 된다. 또 새들은 왜 고압선 위에 앉아 있어도 위험하지 않은지, 어떻게 하면 클립이 공중에 뜨는지, 어떻게 머리카락을 꼿꼿이 세우고 불꽃과 섬광을 만들어낼 수 있는지, 자기 현상과 전기 현상이 어떤 방식으로 서로 연관을 맺고 있는지에 대한 이야기가 전개된다. 이러한 맥락에서 빛과 같은 전자기적 파동의 존재를 이끌어낼 수 있다.

마지막 장의 핵심 내용은 빛과 광학이다. 당신은 야느과 그의 친구들

과 함께 환상적인 마술 공연을 보게 된다. 그곳에서는 마술사인 '요술쟁이 아저씨'가 광학의 아름다움을 선사한다. 그의 유일한 조수는 물리학의 법칙이다. 그는 동전을 사라지게 만드는가 하면 빛을 굴절시킨다.

가장 널리 알려진 마술

공연 중간에 화성인, 무한성, 고리 모양의 국수 등이 마술처럼 나타난다. 공중에 떠 있는 사람과 같은, 세상에 널리 알려진 마술의 감춰진 비밀을 경험하게 된다. 또한 자연과 눈의 색깔에 대한 설명이 이어진다. 예를 들어 태양이 낮에는 노랗다가 저녁에는 빨갛게 되는 이유는 무엇일까? 또 태양은 언제 수수께끼 같은 초록빛을 띠는 것일까? 당신은 고정된 종이 위에 나타나는 여러 가지 색깔들의 놀라운 운동성을 체험하게 된다. 이밖에도 비스듬히 기울어진 피사탑을 똑바로 세우는 일과 연필이 고무로 변하는 현상을 목격하게 된다. 고정불변인 것처럼 보이는 모든 것이 여러 가지 의미를 지닌 형상들로 인하여 결국에 가서는 정반대의 것으로 변한다. 뒤가 앞이 되고 꽃병이 얼굴로 바뀐다. 이 책의 앞부분은 끝 부분이 된다.

　당신이 지금 서점에 서서 이 머리말을 읽고 난 뒤 "왜 나는 물리학에 관한 책을 사야 할까?"라고 자문하고 있다면 지금 계산대로 가서 책값을 지불하기 바란다. 왜냐하면 몇몇 질문들에 대한 대답은(다행히도) 잠시나마 사물에 관심을 기울인 다음에야 얻을 수 있기 때문이다. 1초 이상⋯⋯.

머리말 · 5

1. 중력과 여러 가지 기적

2. 비행에 대한 꿈

1. 중력과 여러 가지 기적

실험

법칙

구경거리

역학에 관한 서커스 관람

어릿광대와 중력

"안녕하십니까, 신사 숙녀 여러분! 역학에 관한 기적의 서커스에 오신 것을 진심으로 환영합니다. 여러 나라와 시대를 망라한 모든 예술가와 곡예사의 이름으로 환영하는 바입니다. 우리 모두는 각자 나름대로 딱딱한 물체의 역학을 선보일 것입니다."

나팔을 힘차게 불어대는 악대가 서커스 단장의 인사말을 중단시킨다. 단장은 관객들이 마음속으로 그려보는 이 서커스의 특별함에 대해 설명을 끝내지도 못한 채 사방을 휘젓고다니는 어릿광대에 의해 무대에서 쫓겨난다.

얀은 할아버지와 함께 관람석 맨 앞줄에 바싹 앉아 있다. 할아버지는 방학 첫날인 오늘, 이 특이한 서커스를 보여주기 위해 얀을 데리고 왔다.

이 서커스의 특징은 무엇보다도 거의 모든 묘기와 공연을 집에서도 따라할 수 있으며, 경우에 따라서는 간단하면서도 복잡한 물리학을 설명할 수 있다는 것이다. 또한 곡예사들의 공연과 기적을 라스베이거스나 오스트레일리아에서만 볼 수 있는 것이 아니라는 점도 특이하다. 오히려 그것들은 피사, 위대한 물리학자의 머릿속, 사과나무가 있는 정원처럼 일상적인 공간에서 접할 수 있다.

물리학의 토대
1687년 뉴턴의 대작 《프린키피아》가 출판되었다. 이 책에서 그는 중력의 법칙을 학문적으로 정립함으로써 고전적인 이론물리학의 토대를 마련하였다.

뉴턴(1643~1727)은 사과 한 개가 자기 머리 위로 떨어진 일을 계기로 중력의 이론을 내놓았다. 오늘날에도 자동차 지붕에 자전거가 실려 있다는 사실을 잊어버린 채 차고 안으로 차를 몰거나 엉뚱한 기차와 비행기를 타는 바람에 낭패를 당하는 등, 물리학 교수들에 관한 이야기와 사건은 수없이 많다. 이러한 이야기들의 특징은 그들이 바로 그 때 가장 좋은 아이디어를 생각해냈다는 점이다.

사과나무 밑에서

어릿광대는 그 사이에 서커스 천막 한가운데에 놓인 사과나무 밑에 잠자듯이 누워 있다. 단장이 다음과 같이 말한다. "여러분의 생각을 1666년으로 옮겨놓으시기 바랍니다. 그 당시의 삶은 아직 위험하지도, 복잡하지도 않았습니다. 자동차, 비행기, 신용카드, 성가신 보험 설계사 등은 찾아볼 수 없었습니다. 그럼에도 불구하고 런던 사람들에게 1666년은 위험한 시기였습니다. 이 시기에 흑사병과 큰 화재로 도시 인구의 거의 절반이 희생되었습니다. 발명가 아이작 뉴턴 경에게도 이 시기는 위험했습니다. 런던 근처의 한 정원에서 그는 나무에서 떨어진 사과에 맞아 죽을 뻔했던 것입니다. 수많은 위대한 물리학자는 때로 어린아이와 같습니다. 그들은 별로 중요해 보이지 않는 사소한 일에 몇 시간씩 놀라워하며 때때로 중요한 질문을 제기하기도 합니다.

뉴턴은 사과가 자기 옆에 떨어지는 것을 보았을 때 의문 하나를 떠올렸습니다. '이 사과는 왜 제자리에 있지 않고 땅에 떨어진 것일까? 그리고 왜 위나 옆이 아닌 밑으로 떨어질까? 무엇인가가 사과를 움직이게 했음이 분명하다.' 이 무엇인가를 그는 중력 또는 만유인력으로 표현했습니다. 지구는 그 힘으로 사과를 끌어당깁니다. 그래서 사과는 지구 표면에 떨어지는 것입니다. 이것은 물론 사과뿐만 아니라 운석·낙하산·잼을 바른 빵의 경우에도 마찬가지입니다. 지구 역시 온갖 원소로 이루어져 있기 때문에, 거꾸로 사과도 지구를 끌어당깁니다. 뉴턴의 이 생각은 그가 정원에 누워 있을 때 떠오른 것입니다. 그는 작은 모래알에서 우주의 행성과 은하계에 이르기까지 모든 물체는 서로 잡아당긴다는 결론을 내렸습니다. 무거운 물체일수록 다른 모든 물체를 더 강력하게 끌어당깁니다. 사과는 지구보다 훨씬 덩치가 작기 때문에 사과의 중력이 지구에 미치는 영향은 미미하며, 따라서 지구를 움직이지 못합니다. 이와는 반대로 사과는 지구의 중력으로부터 커다란 영향을 받기 때문에 밑으로 떨어집니다."

'밀스의 혼란' 이란 무엇일까

지구와 마찬가지로 어릿광대도 지금까지는 지구의 중력을 받지 않았는지 꿈쩍도 하지 않았다. 그는 계속해서 나무 밑에 누워 뉴턴을 연기하고 있다.

갑자기 사과 세 개가 그의 곁에 떨어진다. 그러자 서커스장의 모든 조명이 그를 비춘다. 그는 어릿광대라는 직업에 걸맞게 사과로 곡예를 시작한다. 훌륭한 어릿광대는 곡예를 잘 부려야 하는 법이다

"신사 숙녀 여러분, 유명한 어릿광대인 서니의 사과 곡예를 보십시오!" 단장이 설명을 계속한다. "중력을 이용한 이 경이로운 놀이는 수천 년 전부터 사람들을 매혹시켰습니다."

어릿광대는 수많은 곡예 중에서 공 세 개로 하는 가장 간단한 묘기 하나를 보여준다. 널리 알려진 이 곡예에서 공들은 8자가 누운 형태로 두 손을 왔다갔다한다. 이 묘기는 매우 간단해서 몇 분만 연습하면 익힐 수 있다. 물론 며칠 내지는 몇 주일이 걸릴 수도 있다. 어릿광대는 그 방법을 네 단계로 나누어 보여준다.

금방 안 되더라도 포기해서는 안 된다. 인내심은 어느 경우에든 그만한 가치가 있다. 언젠가는 방법을 터득할 수 있을 것이다. 어느 순간 두 손이 마치 저절로 움직이는 것 같다는 생각이 들 것이다. 이때 스스로도 놀라게 된다. 아마 수영을 처음 배울 때와 비슷한 느낌일

세 개의 공을 가지고 하는 곡예는 어느 정도 연습이 필요하다. 먼저 공 두 개로 시작한 다음 공의 수를 늘려가는 것이 좋다. 처음에 잘 되지 않더라도 실망할 필요는 없다. 네 개, 다섯 개, 심지어 여섯 개의 공을 자유자재로 다루는 서커스 곡예사들은 그렇게 할 수 있기까지 매일 몇 시간씩 연습을 한다. 더구나 곡예 도중에 사과를 먹는 기술은 더욱 어렵다.

손재주

이 곡예의 특별한 매력은 중력과 손재주 사이의 절묘한 균형에 있다. 이것이 궁극적으로 안정된 리듬을 가져온다. 이 묘기를 익히고 나면 두 손이 마치 저절로 움직이는 것처럼 느껴진다. 이 단계에 이르면 의식과 무의식 사이에 거의 자동적인 교체가 지속적으로 이루어진다.

것이다. 결국은 공들과 두 손이 마치 보이지 않는 궤도 위에서 움직이는 것 같은 느낌이 든다. 시간이 지나면 심지어 생각조차도 이 간단한 틀에 적응하는 것처럼 보인다. 긴장 해소를 위한 이상적인 방법이다.

세 개의 공을 이용한 곡예

아래의 설명은 오른손잡이를 기준으로 한 것이다. 왼손잡이는 단지 오른쪽과 왼쪽을 바꾸기만 하면 된다. 가장 간단한 이 곡예는 짧은 시간 내에 습득할 수 있다. 심지어는 이 네 단계를 단 10분 만에 터득한 사람도 있다.

1단계
공 하나를 집어든 다음 오른손에서 왼손으로, 왼손에서 오른손으로 던진다. 공을 허리 높이에서 머리 높이까지 던진다.

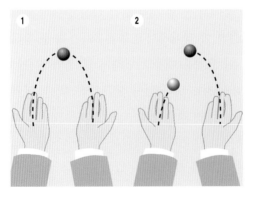

2단계
양손에 각각 공 한 개를 집어든다. 오른손의 공을 포물선 형태로 왼쪽으로 던진다.

그 공이 정점에 도달하는 순간 왼손에 들고 있던 다른 공을 첫 번째 공 밑으로 포물선을 그리는 형태로 오른쪽으로 던진다. 첫 번째 공은 왼손으로, 두 번째 공은 오른손으로 잡는다.

3단계

오른손에는 공 두 개를, 왼손에는 공 한 개를 잡아든다. 오른손의 공한 개를 왼쪽으로 던진다. 그 공이 정점에 도달하는 순간에 왼손의 공을 오른쪽으로 던진다. 이 두 번째 공이 전환점에 도달한 순간 오른손의 두 번째 공을 던진다. 공을 잡지 말고 계속 던진다.

4단계

앞에서와 똑같다. 그러나 이제는 공을 잡았다가 먼저 던진 공이 정점에 도달한 순간 다시 던진다. 연습을 계속하다 보면 곡예를 할 수있는 단계에 이른다.

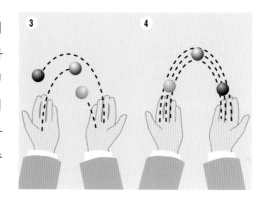

네 개의 공을 이용한 곡예

양손에 각각 공 두 개를 들고 시작한다. 두 개의 공은 늘 같은 손에 잡게 된다. 따라서 공 네 개를 이용한 곡예를 습득하려면 한 손에 공두 개를 들고 하는 곡예를 먼저 배워야 한다. 이것을 익힌 다음에는 오른손과 왼손에서 공을 던질 때의 시간만 조절하면 된다.

세계 기록

공을 이용한 이 곡예의 세계 기록은 1996년 열두 개의 공을 동시에 던지고 받은 브루스 사라피안이 보유하고 있다. 세계 기록으로 공인받기 위해서는 두 손 모두 최소한 한 번은 각각의 공을 잡아야 한다. 1993년에는 앤소니 가토가 고리를 이용하여 이 기록을 수립했다 〔출전: JIS(곡예 정보 서비스: www.juggling.org)〕. 고리를 이용하는 것이 더 쉬운 이유는 공보다 너비이 좁아서 자주 부딪히지 않기 때문이다.

다섯 개 이상의 공을 이용한 곡예

공의 개수가 홀수일 경우에는 공 세 개를 이용한 곡예 방법을, 짝수일 경우에는 공 네 개를 이용한 곡예 방법을 이용하면 된다.

어릿광대는 10분 이상 또는 며칠 이상을 연습했음이 분명하다. 그는 공 세 개를 이용한 다양한 곡예를 선보인다. 그 중에서도 '밀스의 혼란' 이라는 곡예가 가장 유명하며 인상적이다. 여기에서는 손과 공이 어지러울 정도로 빙빙 도는 것 같은 느낌을 준다. 관중은 감동하여 뜨거운 박수를 보낸다.

상급자용 곡예

세 개의 공을 이용한 밀스의 혼란은 스티브 밀스가 고안하여 세상에 알린 인상적인 곡예를 가리킨다. 이 곡예에 '혼란' 이라는 이름이 붙은 이유는 금방 알 수 있다. 전체적으로 팔과 공이 뒤엉켜 아무렇게나 움직이는 것 같은 혼란스러운 인상을 주기 때문이다. 이 곡예는 혼란스러운 움직임 때문에 어려워보이는 반면, 비교적 배우기 쉬워 인기가 높다. 이것을 실험해보기로 하자. 오른손잡이를 기준으로 한 여섯 단계는 다음과 같다(왼손잡이는 왼쪽과 오른쪽을 바꾸거나 그림을 거울에 비친 모습으로 생각하면 된다).

출발 자세

오른손에 공 한 개(그림의 2번)를, 왼손에 공 두 개(1번과 3번)를 든다. 오른손은 똑바로 뻗고 왼손은 오른팔 위로 교차하여 뻗는다.

1단계(왼손)

왼손의 공(1번)을 왼쪽을 향해 약간 위로 던지되, 두 발 사이에 떨어지도록 한다. 그러나 두 번째 공을 던질 때까지 왼손은 오른쪽에 있어야 한다.

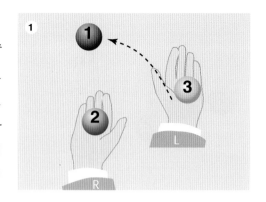

곡예를 시작할 때의 자세.

2단계(오른손)

먼저 2번 공을 1번 공보다 약간 더 높게 왼쪽을 향해 던진다. 지금부터는 조금 더 어렵다. 즉 순간적으로 정지된 상태의 왼손 위를 지나 오른손을 왼쪽으로 옮긴 다음 전환점에 있는 1번 공을 잡아서

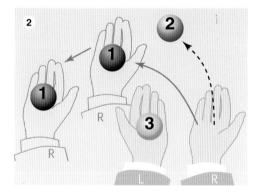

오른손은 이제 왼손과 교차된 위치에 놓인다.

다시 왼쪽 바깥 방향으로 던진다. 오른손은 이제 왼손과 교차된 위치에 놓인다.

3단계(왼손)

왼손은 이제 오른팔 밑에 있다. 그 상태에서 3번 공을 수직 방향으로 위로 던진다. 왼손을 왼쪽으로 옮긴 다음 2번 공이 바닥에 떨어지기

연습, 연습, 연습……

여기서는 매 단계마다 상당한 훈련이 필요하다. 아무리 사소한 부분이라도 처음에는 무척 어려울 수 있다. 시간이 지날수록 움직임이 부드러워지다가 어느 순간 갑자기 방법을 터득하게 된다. 따라서 쉽게 포기하지 말고 인내심을 가질 필요가 있다. 원래는 불가능한 일이지만 한 번 시도해보자는 마음으로 연습하는 것이 가장 좋다.

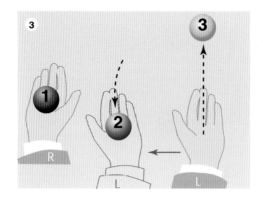

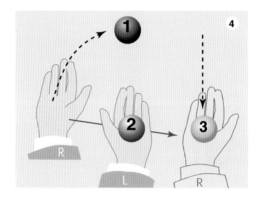

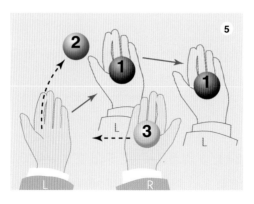

전에 중간 부분에서 잡는다.

이로써 절반이 끝난 셈이다. 다음 단계들은 1단계에서 3단계까지의 활용에 지나지 않는다. 이제부터는 왼손이 바쁘게 움직인다.

4단계(오른손)

오른팔은 이제 왼팔 위를 지나 왼쪽에 있다. 오른손의 1번 공을 오른쪽을 향해 약간 위로 던지되, 두 발 사이에 떨어지도록 한다. 그 다음에 오른손은 포물선을 그리며 완전히 오른쪽으로 움직인다. 오른손은 3번 공이 바닥에 떨어지기 전에 오른쪽 바깥에서 잡는다.

5단계(왼손)

먼저 2번 공을 1번 공

의 경우보다 약간 더 높게 오른쪽을 향해 던진다. 이제 왼손을 오른쪽으로 움직인 다음 가능한 한 높은 지점에서 1번 공을 잡는다. 왼손이 오른손 위와 교차된 위치에 놓이기 전에 그 공을 다시 오른쪽 바깥을 향해 던진다.

6단계(오른손)

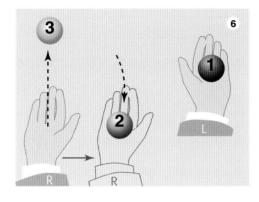

오른손은 왼손 밑의 왼쪽에 놓여 있다. 왼손 밑에서 3번 공을 수직 방향으로 위로 던진다. 그 다음에 오른팔을 오른쪽으로 움직여 밑으로 떨어지는 2번 공을 잡는다.

곡예는 이런 식으로 계속 이어진다. 더 정확히 말하자면 어느 순간에 갑자기 몸이 그 방법을 터득한다. 처음에는 복잡해보이던 움직임이 시간이 지날수록 더 부드러워지고 간단해진다. 모든 것은 연습하기 나름이다.

공연을 끝내기 전에 어릿광대는 자신이 지닌 최고의 묘기를 보여준다. 그는 사과들을 던지고 받는 동안 그 중의 하나를 한입씩 베어먹는다. 마침내 사과를 남김없이(아마도 벌레 하나는 제외하고) 먹어치움으로써 그의 묘기는 절정에 이른다. 부드럽게 움직일 뿐 아니라 속도도 이전과 별 차이가 없는 것처럼 보인다. 전체적인 동작에서 사과

서로 다른 무게와 형태를 지닌 물체들을 이용한 곡예는 특히 많은 연습을 요구하지만 상당한 즐거움을 선사한다.

의 무게는 전혀 영향을 미치지 않는다.

이것은 어릿광대의 앵콜 공연에서도 드러난다. 이번에 그는 서로 다른 물체들, 즉 사과 · 삶은 달걀 · 서커스 단장에게서 빌린 모자 등을 던지고 받는다. 물체들의 무게가 서로 다른데도 서로간에 통일적인 리듬이 생겨난다.

이것이 가능한 까닭은 400년 전 갈릴레오 갈릴레이의 유명한 발견과 관련이 있다. 갈릴레이는 무게가 서로 다른 물체들이 똑같은 속도로 바닥에 떨어진다는 사실을 발견했다. 그는 수학적 방법론을 자연관찰에 응용하고 특정한 목적을 지닌 실험을 행한 최초의 인물이었다. 그 이전에는 자연에 대한 논쟁이 순전히 철학적인 차원에서 이루어졌다는 점을 감안할 때 그는 자연과학 혁명의 아버지라 불릴 만하다. 갈릴레이는 나침반 · 현미경 · 온도측정기 등을 발명했다.

그는 자신이 직접 만든 망원경을 이용하여 최초로 목성의 위성들, 태양의 흑점, 금성의 위상 등을 관찰했다.

갈릴레오 갈릴레이, 기울어진 피사탑, 지폐의 낙하

낙하하는 물체와 관련한 갈릴레이의 관찰은 곡예뿐만 아니라 자유낙하 현상을 보이는 모든 물체에 적용할 수 있다.

갈릴레이의 이러한 관찰은 새로운 시대를 여는 출발점이었다. 그의 관찰은 근대 물리학의 출발 신호로 간주할 수 있으며 당시만 해도 커다란 반향을 불러일으켰다.

전해 내려오는 이야기에 따르면 갈릴레이는 당시에 벌써, 기울어진 피사탑에서 공개적으로 낙하 실험을 하여 이것을 증명했다. 그는 무게가 서로 다른 물체들을 탑 꼭대기에서 떨어뜨려 그것들이 동시에 바닥에 닿는다는 것을 보여주었다.

처음에는 그 결과가 매우 애매해 보인다. 두 물체가 동시에 떨어지지 않는 예를 얼마든지 찾아볼 수 있기 때문이다. 그러나 이런 현상은 단지 이 물체들의 서로 다른 형태와 그 때문에 발생하는 상이한 공기 마찰 때문에 떨어지는 속도가 다르게 나타나는 것에 지나지 않는다. 마찰이 없는 경우, 예를 들어 공기가 없는 공간인 진공 속에서는 모든 물체가 똑같은 속도로 떨어진다.

처음에는 고개를 갸우뚱하게 만드는 이러한 지식을 동원하면 어릿광대의 마지막 두 가지 묘기를 쉽게 설명할 수 있다. 물체들의 리듬은 그것들이 공중에 떠 있는 시간에 결정적으로 좌우된다. 갈릴레이에 따르면 이것은 모든 물체에 똑같이 적용된다. 다만 물체들을 손에 잡고 있을 동안의 시간과 동작은 약간 다를 수 있다.

1173년에 세워진 높이 55m의 피사 탑은 남동쪽으로 기울어져 있다. 탑이 기울어진 이유는 건축 당시에 이미 바닥이 가라앉아 있었기 때문이다.

할아버지는 학창 시절에 배운 갈릴레이 시대의 사건들을 기억하고 있다. 그는 얀에게 역사와 물리학의 전체 사고 방식에 중요한 역할을 한 갈릴레이의 인생 역정을 이야기해준다.

그 사이에 어릿광대는 우레와 같은 박수 갈채에 멋들어지게 감사의 뜻을 표한 다음 줄사다리를 타고 서커스장 천장까지 기어 올라간다. 거기에는 줄타기용 밧줄이 플랫폼에 매어져 있다. 이 플랫폼에서 어릿광대는 갈릴레이의 관찰을 증명하기 위해 사과·달걀·공을 동시에 떨어뜨린다. 실제로 그것들은 같은 시간에 바닥에 닿는다. 이러한 낙하 실험은(늘 놀라운 일이 벌어지는 서커스는 제외하고) 오늘날에도 '건강한 이성'을 지닌 일부 관중들에게 불신을 받는다. 예를 들어 모자를 가지고 실험하면 어떻게 될까? 물론 모자는 공기 저항 때문에 더 늦게 바닥에 닿을 것이다. 그래서 서커스 단장은 이 공연이 시작

갈릴레오 갈릴레이

(1564~1642)

이탈리아의 물리학자 · 수학자 · 천문학자였던 갈릴레오 갈릴레이는 아마도 최초의 근대 자연과학자라 일컬을 만하다. 낙하 실험을 통하여 그는, 자유 낙하하는 물체들은 무게와 상관없이 동시에 바닥에 닿는다는 것을 보여주었다. 뿐만 아니라 낙하 운동을 하는 동안 똑같은 높이로 떨어진다는 것을 깨달았다. 여기에서 그는 만유인력이 모든 물체을 일정한 가속도로 끌어당긴다는 결론을 내렸다.

되기 전에 미리 모자를 돌려받았다. 결국 어릿광대는 입장권과 이 책을 이용하여 공기 마찰의 영향을 보여준다. 당연히 책이 입장권보다 더 먼저 바닥에 닿는다. 낙하 운동을 할 때 속도를 늦추는 공기의 영향은 수시로 혼돈과 오판을 불러일으킨다.

덩치가 큰 물체일수록 더 빨리 바닥에 떨어진다는 사실은 어릿광대가 공연을 통해 보여준 것처럼 서로 다른 물체들을 이용하여 증명할 수 있다. 우선 어릿광대의 묘기를 집에서 따라해보자.

모든 물체는 똑같은 속도로 떨어진다

이 책과 얇은 종이 한 장을 똑같은 높이에서 동시에 떨어뜨린다. 그 종이를 이 책에서 찢어내는 일은 없어야겠다. 이 물건들을 너무

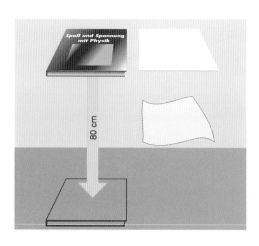

높은 곳에서 떨어뜨릴 필요는 없다. 80cm 정도면 충분하다.

결과는 책이 종이보다 먼저 바닥에 닿는다. 무거운 물체가 가벼운 물체보다 더 빨리 떨어졌다. 갈릴레이의 낙하 법칙은 틀린 것일까?

낙하 법칙은 공기 저항을 배제한 상태에서만 유효하다. 그것은 간단한 방법으로 증명이 가능하다. 공기 저항이 똑같을 경우에는 두 개의 물체가 동시에 떨어진다는 것을 두 가지 낙하 실험을 통해 살펴보기로 하자.

두 물체를 포갠 상태에서 떨어뜨리면 어떻게 될까

먼저 종이를 책 밑에 갖다놓은 다음 두 물체를 동시에 떨어뜨린다. 이때 천천히 떨어지는 종이가 빨리 떨어지는 책에 제동을 걸어야 마땅할 것처럼 보인다. 그러나 실제로는 그렇지 않다. 이것은 종이 대신 다른 책을(똑같은 책이면 가장 좋다) 첫 번째 책 밑에 갖다놓고 동시에 떨어뜨려보면 쉽게 확인할 수 있다. 그러기 위해서는 물론 이 책을 한 권 더 사야 할 것이다. 하지만 무게가 같은 또 다른 책을 이용해도 무방하다.

예기치 못한 결과

두 번째 실험인 종이를 책 위에 올려놓을 경우에는 예기치 못한 결과가 나온다. 원래 더 빨리 떨어졌던 책이 종이보다 먼저 바닥에 닿아야 마땅하다. 그러나 실제로는 어떻게 될까?

그야말로 뜻밖의 결과가 나온다. 두 물체가 동시에 바닥에 닿은 것이다. 이것은 종이가 책을 보호막 삼아 공기 저항 없이 책과 똑같은 속도로 떨어진다는 것을 뜻한다. 다시 말해서 이 결과는 갈릴레이의 낙하 법칙을 증명한다.

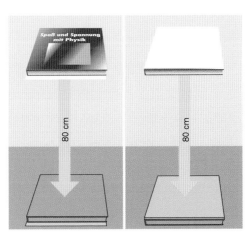

회의론자들은 여전히 종이가 책 위의 공기 흐름으로 인해 책에 달라붙는다고 주장할 수 있을 것이다. 그러나 이것도 추가 실험을 통해 반박할 수 있다. 즉 종이를 올려놓은 책

틀린 테제

그리스 자연철학자인 아리스토텔레스(384~322)는 덩치가 큰 물체일수록 바닥에 더 빨리 떨어진다고 확신했다. 이것은 틀린 테제이다. 물체의 무게가 낙하 시간을 결정짓지는 않는다. 낙하 시간이 서로 다른 유일한 이유는 상이한 공기 저항 때문이다.

을 출발 위치로 가져간다. 이 두 물체를 자유 낙하시키는 대신 그 중 하나를 이보다 더 강한 가속도로 떨어뜨린다. 그러니까 책 끝을 꼭 잡고 던지거나 밑으로 힘껏 끌어내리면 된다. 책 위에 올려놓은 종이는 이 가속도를 따라가지 못하고 처진다. 이것은 종이가 책 주위의 공기 흐름에 의한 압력을 받지 않고 자유 낙하한다는 증거이다. 이 결과는 앞에서의 실험과 다를 바 없다. 가속도가 똑같을 경우 책은 종이와 동일한 속도로 떨어진다. 누가 그런 생각을 할 수 있었겠는가? 갈릴레이의 낙하 법칙에 대한 의심은 여기에서 궁극적으로 해소된다.

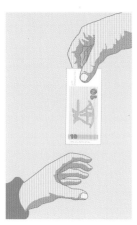

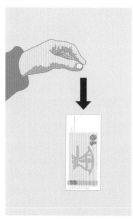

거의 믿을 수 없는 일이지만 위에서 떨어지는 지폐를 잡을 수 없다. 그 이유는 손에 명령을 내리는 뇌의 느린 속도 때문이다. 이것은 지폐를 낚아채기에는 너무 많은 시간을 잡아먹는다.

'빠른' 지폐

"나도 밑으로 떨어지는 종이를 이용한 훌륭한 묘기를 알고 있단다." 할아버지가 얀에게 말한다. "지폐가 떨어질 때의 속도가 너무 빨라서 네가 잡을 수 없을 정도라는 사실을 보여주마. 네가 그것을 잡으려다가 넘어지지나 않을까 걱정이구나."

할아버지가 호주머니에서 10마르크짜리 지폐를 꺼내며 얀에게 내기를 제안한다. "지폐가 땅에 떨어지기 전에 붙잡으면 네게 주마."

물론 얀은 이 제안을 받아들인다. 별로 노력을 안 들이고도 돈을 벌 수 있을 것 같은 기분이 든다. 하지만 얀은 여러 번의 시도에도 불구하고 지폐를 붙잡지 못한다. 그의 동작이 너무 느리거나 종이가 너무 빠르기 때문이다. 이처럼 당혹스러운 결과의 원인은 인간의 반응이 느리다는 데 있다.

10마르크 내기

특별한 묘기
지폐를 자신이 직접 떨어뜨릴 경우에는 아무 문제 없이 제때에 잡을 수 있다. 뇌의 반응 시간이 매우 짧기 때문이다.

할아버지는 얀이 펼친 손보다 높은 곳에서 지폐를 들고 있다. 어느 순간에 할아버지가 지폐를 떨어뜨린다. 얀은 지폐가 땅에 떨어지기 전에 손을 오므려 잡을 수 있을까? 만약에 그럴 수만 있다면 그는 내기에 이겨 돈을 벌 수 있다. 또한 땅에 떨어진 지폐를 주워야 하는 수고도 덜게 된다.

하지만 얀뿐만 아니라 그 누구도 지폐를 붙잡을 수 없다는 믿기지 않는 사실이 밝혀진다. 인간의 반응이 너무 느리기 때문이다. 처음에 눈은 지폐가 떨어지는 것을 본 다음 이 정보를 뇌에 전달한다. 뇌는 다시 손을 오므리라는 명령을 내린다. 이 모든 것은 당연히 많은 시간을 잡아먹는다. 그만한 시간이면 지폐가 손에서 벗어나기에 충분하다.

이것은 결과가 뻔한 내기이다. 하지만 일종의 속임수를 쓰면 이야기는 달라진다.

반응 시간을 줄이면 되는데, 그러기 위해서는 지폐가 언제 떨어질지를 미리 알아야 한다. 이를테면 이것은 자기 자신과 내기를 하는 경우에 해당한다. 자신의 다른 손으로 지폐를 떨어뜨리고 다른 한 손으로 그것을 잡는 실험을 해보면 아무 문제 없이 제때에 잡을 수 있다는 것을 알 수 있다. 그 이유는 지폐를 떨어뜨리라는 명령과 그것을 붙잡으라는 명령이 동시에 이루어지며, 따라서 눈과 뇌를 통한 정보 전달과 관련한 반응 시간이 생략되기 때문이다.

그 사이에 어릿광대는 줄타기용 밧줄에 올라서서 새로운 묘기를 준비하고 있다. 조수가 그에게 평평하고 널따란 판자의 한쪽 끝을 내

민다. 판자의 다른 쪽 끝은 바닥에 닿아 있다. 판자의 가운뎃부분에는 푹신한 안락의자가 고정되어 있다. 북소리가 요란한 가운데 단장이 세계 최초의 묘기를 예고한다.

"신사 숙녀 여러분, 중력을 이용한 새로운 묘기를 세계 최초로 여러분께 선보이게 된 것을 무한한 영광으로 생각합니다. 우리는 여러분께 갈릴레오 갈릴레이가 착각을 일으켰으며 낙하하는 모든 물체의 가속도는 똑같지 않다는 것을 증명할 것입니다. 곧 보시겠지만 어릿광대는 두 눈을 가린 채 판자의 맨 끝에 앉을 것입니다. 그곳은 안락의자와는 상당히 떨어져 있습니다."

북소리가 더욱 커지는 가운데 어릿광대는 단장의 말을 행동으로 옮긴다.

단장이 계속 말을 이어나간다. "이제 우리는 판자를 밑으로 떨어뜨릴 것입니다. 판자가 바닥에 닿는 순간 어릿광대는 마치 유령의 손이 옮겨놓은 것처럼 안락의자에 앉아 있을 것입니다. 주의 깊게 살펴보시기 바랍니다. 지금 우리는 판자의 고정 장치를 풀려고 합니다."

북소리가 점점 작아진다. 모든 관객들은 긴장한 채 위를 쳐다본다.

어릿광대는 두 눈을 가린 채 판자 위에 앉아 있다. 그는 이제 물리학 법칙과 바닥의 건초더미에 몸을 맡길 수밖에 없다. 갑작스런 충격과 함께 판자가 떨어지더니 단숨에 바닥에 내려앉는다. 순간 어릿광대는 안락의자에 앉아 있다. 그는 마술로 눈 깜짝할 사이에 만들어낸 감자 튀김 봉지를 들고 태연한 표정을 짓고 있다. 믿을 수가 없다! 어떻게 이런 일이 가능할까? 이러한 실험은 여러 번 하기에는 너무 위험하기 때문에 서커스 단장은 이 실험의 축소판을 보여준다. 집에서도 쉽게 따라할 수 있는 이 실험의 이름은 '유령의 동전'이다.

유령의 동전 I

간단한 실험을 통해 어떤 물체가 마치 유령의 손이 작용한 것처럼 한 지점에서 다른 지점으로 움직인다는 것을 알 수 있다. 이 실험에는 긴 자나 나무판, 병 뚜껑 두 개, 동전 한 개 등이 필요하다.

1단계

병 뚜껑 두 개를 날이 있는 쪽을 위로 향하게 하여 자의 끝 부분에 5~10cm의 간격으로 점토나 껌, 접착제 등을 이용하여 고정시킨다.

2단계

동전 하나를 바깥쪽 병 뚜껑 안에 올려놓고 자를 비스듬히 들어올린다. 자가 미끄러지지 않도록 밑에다가 책이나 다른 물체로 받쳐놓는다.

자를 떨어뜨리면 어떤 일이 벌어질까? 자가 올바른 위치에서 떨어졌을 경우 동전은 다른 병 뚜껑 안으로 들어간다.

그림에서 분명히 나타나듯이 자유 낙하하는 동전은 비스듬한 판의 출발점이 수직으로 나중의 목표점 위에 놓이는 순간 안쪽의 용기 안으로 떨어진다.

앞서 어릿광대의 멋진 묘기도 물론 이와 똑같은 방식으로 설명할 수 있다.

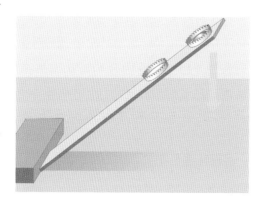

자가 미끄러지지 않도록 밑에 물체로 받쳐놓는다.

변용

물론 수많은 다른 물체로도 이 실험을 할 수 있다. 자 대신에 이와 비슷한 모양의 나무판·자·금속 등을 이용할 수 있다. 병 뚜껑 대신에 달걀 그릇, 요구르트 병을 사용할 수도 있다. 동전 대신에 지우개, 삶은 달걀, 구슬 등을 사용해도 괜찮다. 실험할 때마다 자유 낙하하는 작은 물체는 판 위에서 위치를 바꾼다. 그 물체는 떨어질 때 판보다 더 천천히 움직인다. 이로 인해 그것은 고정된 위치에서 분리되어 수직으로 떨어진다. 이와는 반대로 판은 원형 운동을 하며 바닥에 내려앉는다. 이때 문제가 되는 것은 자유 낙하가 아니라 회전이다. 이러한 추가적인 회전이 더 높은 가속도를 만들어낸다.

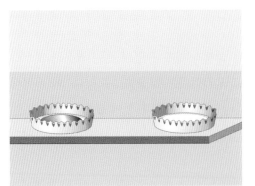

어릿광대의 낙하 실험은 경탄과 함께 골치 아픈 질문을 던져준다. 갈릴레이가 보여준 물리학의 아름다운 세계상은 여전히 합당할까?

자를 떨어뜨리면 동전은 다른 병 뚜껑 안으로 이동한다.

갈릴레이의 발견은 의심할 여지 없이 옳지만 특정한 전제조건이 필요하다. 자유 낙하 법칙은 분명히 완전하지 않다. 그것은 예를 들어 진공 속에서와 같이 공기 마찰을 배제한 상태에서만 유효하다.

이밖에도 그것은 앞에서 살펴본 것처럼 자유 낙하하는 질점(質點)에서만 유효하다. 여기에서 상이한 물체들은 무게 중심의 운동을 고려할 때 낙하하는 질점으로 간주할 수 있다. 어떤 물체의 무게 중심은 그것이 바닥에 접촉하지 않는 한 자유 낙하 속에 존재한다.

어릿광대의 안락의자 묘기도 물리학의 법칙과 부합한다. 판자는 한쪽이 바닥에 닿아 있기 때문에 그 무게 중심은 지표면을 향해 자유 낙하하는 것이 아니라 오히려 이 접촉점을 축으로 하여 회전한다. 이러한 관계는 판자가 자유 낙하할 경우 완전히 달라진다. 이것은 또 다른 낙하 실험을 해보면 간단하게 알 수 있다.

유령의 동전 II

먼저 유령의 동전 I의 경우처럼 책이나 그밖의 단단한 받침대에 자를 가로로 고정시킨다. 그 다음에는 동전을 바깥쪽 병 뚜껑 안에 올

려놓는다. 그리고는 받
침대를 포함해서 모든
것을 한꺼번에 떨어뜨
린다. 이번에는 동전이
어떻게 될까? 동전은

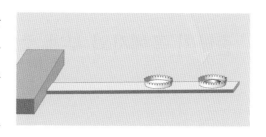

다른 것과 함께 자유 낙하하는 동안 원래의 위치에 그대로 남아 있
다. 받침대, 자, 동전의 무게 중심은 모두 밑으로 떨어진다.

　받침대가 바닥에 닿고 나서야 동전은 위로 튀어올라 운이 좋으면
다른 병 뚜껑 안으로 들어간다. 물론 이것은 이전의 경우보다 훨씬
어려운 일이다. 동전뿐만 아니라 자도 이미 고속으로 움직였기 때문
에 판자가 회전 운동을 할 시간이 별로 없었기 때문이다.

줄타기 곡예사와 무게 중심

어릿광대가 중력을 이용하여 선보인 마술 같은 묘기들은 대부분 여러 가지 물체가 가진 서로 다른 무게 중심과 운동을 활용한 것이다. 이 주제에 더 깊이 들어가기 위해 어릿광대는 그 사이에 건장한 줄타기 곡예사에게 자리를 내주었다.

이 곡예사가 공연을 준비하는 동안 단장이 소개의 말을 한다. "신사 숙녀 여러분, 줄타기 곡예사인 '공중에 떠다니는 빌리'를 소개합니다. 그가 보여줄 공연의 주제는…… 바로 무게 중심입니다. 여러분도 아시겠지만 모든 물체는 무게 중심을 갖고 있습니다. 무게 중심은 물체의 중앙이라고 말할 수 있습니다. 모든 물체는 상상을 초월할 만큼 수많은 작은 부분들, 즉 원자와 분자로 이루어져 있습니다. 이 모든 작은 부분들은 서로 단단하게 결합되어 있습니다. 이러한 결합들이 축구공·빗자루·망치 등을 만들어냅니다."

무게 중심을 찾는다

곡예사 빌리가 이제 공연을 시작한다. 공연에 앞서 그는 관객들에게 여러 가지 물체의 무게 중심을 찾는 묘기를 보여준다. 그는 두 손을 벌리고 물체를 그 위에 올려놓는다. 그 다음 그는 아주 천천히 두 손을 안쪽으로 움직인다. 안은 두 손이 교대로 움직이는 것을 눈여겨본다. 한 손이 움직이는 동안 다른 손은 가만히 있다. 물체는 마치 보이지 않는 끈에 매달린 듯이 항상 균형을 유지하며, 두 손의 서로 다른 움직임에도 전혀 움직이지 않는다. 이 상태는 두 손이 서로 맞닿을 때까지 계속된다. 물체는 밑으로 떨어지지 않고 두 손 위에 얌전히 놓여 있다. 다시 말해서 무게 중심을 찾은 것이다.

두 손과 물체 사이의 마찰력은 한편으로 한 손 위에 있는 물체의 무게에 좌우되며, 다른 한편으로는 물체가 손 위를 미끄러지는지 또는 가만히 있는지에 달려 있다. 왜냐하면 미끄러질 때의 마찰력은 가만히 있을 때의 마찰력보다 더 작기 때문이다. 따라서 한 손은 그 손에 더해지는 무게가 다른 손의 마찰력보다 더 커질 때까지 계속 안쪽으로 미끄러지듯 움직인다.

어느 순간에 그 손은 저절로 움직임을 멈추고 다른 손이 미끄러지듯 움직이기 시작한다. 이러한 동작이 계속 반복된다. 곡예사 빌리의 실험은 집에서 여러 가지 물체를 이용하여 쉽게 따라할 수 있다.

두 손이 저절로 무게 중심을 찾는다

두 손을 벌리고 가느다란 막대기를 그 위에 올려놓는다. 그 다음에 두 손을 아주 천천히 가벼운 충격을 가하며 안쪽으로 움직인다. 무슨 일이 벌어질까?

첫눈에 깜짝 놀랄 만한 일이 벌어진다. 즉 한 손만 움직이고 다른 손은 가만히 있다. 이러한 상태는 움직이는 손 위에 있는 막대기의 끝이 점점 더 무거워지고 이 손에 더 많은 부담을 줄 때까지 계속된다. 이와는 반대로 맞은편의 손은 점점 더 부담이 줄어들다가 마침내는 스스로 움직일 수 있을 만큼 자유로워진다. 이와 동시에 다른 손은 움직임을 멈춘다.

중력이 없으면 어떻게 될까
중력은 서키스뿐만 아니라 일상 생활에서도 중요한 역할을 한다. 중력이 없으면 우리는 줄타기 곡예사처럼 날아다닐 수 있다. 밧줄 없이도 말이다.

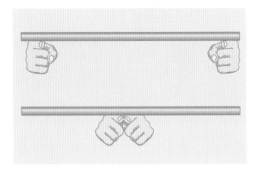

막대기 위에서 이와 같이 중력과 마찰력 사이의 교체를 통해 두 손은 점점 가까워지다가 물체의 무게 중심 밑에서 만난다. 이러한 현상을 이해하기 위한 열쇠

물체의 무게 중심을 알면 물체의 균형을 유지할 수 있다. 무게 중심 위를 수직으로 잡고 있으면 물체는 떨어지거나 넘어지지 않는다.

는 막대기와 두 손 사이에 존재하는 마찰력의 크기가 다른 데 있다.

마찰력

손이 움직이지 않을 때 손과 막대기 사이의 마찰력은 손이 움직일 때의 마찰력보다 훨씬 더 크다. 이밖에도 마찰력은 물론 막대기 각 부분의 무게에 좌우된다. 한 손이 안쪽으로 움직일수록 막대기의 중력과 그 마찰력도 점점 높아진다. 결국 마찰력이 움직이지 않는 다른 손의 마찰력보다 더 커지는 순간 그 손은 움직임을 멈춘다. 그리고 이제 다른 손이 움직인다. 이처럼 마찰력과 중력 사이의 우아한 상호 작용이 계속 이어지면서 막대기가 균형을 이룬다. 그러다가 마침내 두 손은 막대기의 가운데에 해당하는 무게 중심 밑에서 만난다. 무게 중심을 찾는 이러한 묘기는 모든 물체에 적용할 수 있다.

마찰

물리학자는 마찰을 두 물체의 접촉면에 작용하면서 운동을 억제하거나 방해하는 힘으로 정의한다.

응용 실험

빗자루로도 이 실험을 할 수 있다. 여기서는 무게 중심이 당연히 빗자루의 끝 부분에 위치한다. 이것은 쉽게 검증할 수 있다. 두 손은 빗자루 끝에 가까운 위치에서 만난다. 심지어는 양끝의 무게 차이가 엄청난 망치도 묘기의 대상이 될 수 있다.

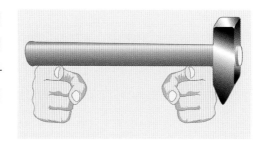

두 개의 뜨개질바늘로도 무게 중심을 정확히 측정할 수 있다. 예를 들어 뜨개질바늘로 연필의 무게 중심을 알아낼 수 있다. 연필을 두 바늘 위에 올려놓은 다음 바늘을 매우 조심스럽게 접근시켜 그 접점을 사인펜으로 표시한다.

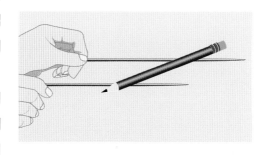

이제는 연필 끝에 지우개를 꽂은 다음 무게 중심이 어디에 있는지 알아본다. 두 개의 바늘로 무게 중심의 실제 위치를 검사한다. 지우개가 무거울수록 무게 중심은 지우개 쪽으로 더 옮겨간다. 우리는 무게 중심을 측정하는 간단한 방법을 알아낸 셈이다.

줄타기 곡예

장면을 바꿔보자. '공중에 떠다니는 빌리'는 그 사이에 높은 줄 위에 올라가 있다. 그는 조심스럽게 줄 위를 걸어가기 시작한다. 그는 긴 나무 막대기를 두 손에 들고 있다. 어쩐지 그 모습이 우스꽝스럽다.

"줄타기 곡예사는 어째서 늘 긴 막대기를 들고 있을까?" 할아버지가 묻는다.

"밑으로 떨어지지 않기 위해서죠. 곡예사는 막대기를 꽉 쥐고 있어요." 이렇게 말한 얀은 마치 의자 팔걸이가 몸의 균형을 잡는 막대기라도 되는 양 꽉 잡는다. 그는 곡예사처럼 높은 줄 위에 서 있지 않아서 기쁘다. "그러면 어째서 막대기는 밑으로 떨어지지 않을까?" 할아버지가 호기심 어린 표정으로 캐묻는다.

"줄타기 곡예사가 꽉 쥐고 있잖아요!" 얀이 대답한다.

한 걸음씩 앞으로 나아간 곡예사는 마침내 아무 일 없이 반대편에 도달한다.

우연히 얀의 말을 엿들은 어릿광대 서니는 그의 대답에 감탄한다.

"바로 그래요. 더 정확히 말하자면 곡예사는 막대기로 균형을 유지해요. 그는 바로 막대기의 무게 중심을 잡고 있기 때문이에요. 막대기는 매우 길기 때문에 균형을 잡으려면 시간도 오래 걸리고 상당한 노력이 필요하지요. 그런 식으로 줄타기 곡예사는 실제로 막대기를 꽉 잡고 있어요. 미끄러져 떨어질지도 모르는 급박한 상황을 막대기가 막아주지요. 막대기가 길수록 균형 감각은 더 좋아져요."

이것을 증명하기 위해 그가 두 팔을 쫙 편 채 무대 난간 위를 걸어간다. 이때 그는 몸이 불안정해질 때마다 팔을 조금씩 움직여 균형을 잡는다.

긴 물체가 짧은 물체보다 더 안정감이 있다는 사실은 어른과 어린아이의 차이에서도 알 수 있다. 길이가 실제로 안정감의 결정적인 요인이라는 점은 집에서 자와 지우개를 이용해 쉽게 확인할 수 있다.

왜 어린아이는 어른보다 쉽게 넘어질까

자와 지우개처럼 길이가 서로 다른 두 물체를 준비한다. 두 물체를 수직으로 세운다. 이제 경쟁이 시작된다. 두 물체를 동시에 넘어뜨린 다. 결과는 명확하다. 즉 짧은 지우개가 승리한다. 지우개가 바닥에 닿을 때까지의 시간은 자와 비교할 때 절반에도 못 미친다. 깜짝 놀랄 만한 이 결과는 무게 중심의 높이가 서로 다르다는 것으로 설명할 수 있다. 긴 자의 무게 중심이 훨씬 더 높으며, 따라서 바닥에 닿는 데 걸리는 시간도 더 길다. 자의 무게 중심은 물론 더 길고 강력한 속도를 낸다. 따라서 훨씬 빠른 최종 속도로 바닥에 떨어진다. 바닥에 부딪힐 때 나는 소리 역시 지우개보다 훨씬 크다.

이 실험을 통해 왜 어린아이는 서 있을 때 균형을 잡기가 힘들며 넘어져도 별로 아프지 않은지 알 수 있다.

지우개가 바닥에 닿을 때까지 걸리는 시간은 자와 비교할 때 절반에도 못 미친다.

관성 모멘트

줄타기 곡예사는 그 사이 더 긴 막대기를 들고 줄을 건너간다. 긴 막대기는 사소한 장애에는 별로 반응하지 않는다. '공중에 떠다니는 빌리'에게 줄타기는 아무런 문제도 되지 않는다.

"신사 숙녀 여러분, 막대기는 길면 길수록 더 안정되고 관성도 더 큽니다. 줄 위를 걸어가는 도중에 생기는 회전 운동에 대한 저항이 관성 모멘트입니다. 여기에 대해서는 나중에 다시 설명하겠습니다. 어쨌든 막대기가 길면 관성 모멘트가 크다는 것은 분명합니다."

줄타기 곡예사는 양끝이 출렁일 정도로 휘는 막대기를 이용하여 몸의 균형을 유지한다. 이런 식으로 그는 밑으로 떨어지지 않고 성큼

최종 속도

어른보다 훨씬 자주 넘어지는 어린아이에게 그나마 위안이 있다면 넘어져도 별로 아프지 않다는 것이다. 그 이유는 바닥에 부딪힐 때의 최종 속도가 어른보다 훨씬 느리기 때문이다.

고라니를 피하라
고라니 테스트는 원래 고라니
가 갑자기 도로에 뛰어들 때의
대응 방법을 검사하기 위해 스
칸디나비아에서 고안한 것이
다.

성큼 앞으로 나아간다.

"무게 중심이 깊을수록 균형을 더 잘 잡을 수 있는 것처럼 보이는
구나." 할아버지는 이렇게 말한 다음 '고라니 테스트'와 뒤집히는 소
형 자동차를 생각한다.

실제로 자동차의 안정성은 줄타기 곡예사의 경우와 다를 바 없다.
무게 중심이 깊을수록 자동차는 굽은 길에서 더 안정감이 있다. 그래
서 엔지니어와 기술자들은 자동차의 엔진과 차축을 비롯하여 모든
무거운 부품들을 가능한 한 깊은 곳에 장착하려고 한다.

어느새 매우 유명해진 이른바 고라니 테스트는 집에서도 몇 개의 무
거운 물체와 장난감 자동차 또는 유모차를 이용해 따라해볼 수 있다.

고라니 테스트

테스트 차량 : 장난감 자동차 또는 유모차
재료 : 벽돌이나 무거운 책 같은 물체 몇 개

몇 개의 물체를 테스트 차량, 예를 들어 유모차 안에 높이 쌓아올
린다. 이 유모차를 굴곡이 심한 길에서 달리게 한다. 사고를 방지하
기 위해서 유모차가 뒤집히려는 순간 실험을 끝내도 좋다.

이번에는 똑같은 무게의 물체들을 테스트 차량에 가능한 한 낮게
깐다. 그러면 차는 똑같은 굴곡에서도 훨씬 안정적이며 거의 뒤집히
지 않는다. 무게 중심이 깊을수록 굴곡에서 더 안전하다.

깡통의 안정성

어릿광대는 다시 새로운 기분으로 돌아다닌다. 할아버지는 자신과

얀을 위해 깡통 음료수 두 개를 산다. 돈을 낼 때 어릿광대는 다음과 같은 흥미진진한 내기를 제안한다. "음료수 깡통이 언제 가장 안정된 상태인지 나에게 말해주신다면 이것을 공짜로 드리겠어요. 음료수가 가득 들어 있을 때입니까, 아니면 절반만 들어 있을 때입니까? 그것도 아니면 깡통이 비어 있을 때인가요?" 할아버지가 곰곰이 생각하고 계산을 하는 동안 얀은 벌써 깡통 마개를 따서 한 모금씩 마시다가 갑자기 해답을 찾아낸다. 그 해답이 무엇인지는 음료수 깡통과 자로 직접 실험해보면 쉽게 알 수 있다.

안정성

콜라 깡통의 안정성은 그 안에 들어 있는 액체의 밀도와 깡통 재료에 달려 있다.

음료수 깡통에 관한 내기

깡통은 언제 가장 안정된 상태일까? 내용물이 가득 들어 있을 때, 비어 있을 때, 또는 절반쯤 들어 있을 때?

이 질문에 대답하기 위해서는 음료수가 가득 들어 있는 깡통과 자가 필요하다. 이제 실험을 시작해보자.

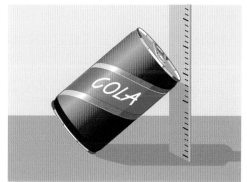

깡통은 어느 정도까지 기울어져야 넘어질까? 기울기가 도를 지나칠 때 깡통은 넘어진다.

다시 말해서 기우는 정도가 클수록 깡통은 더 안정감이 있다. 이 기우는 정도를 자로 정확히 알아낸다. 그러기 위해서는 조심스럽게 깡통의 균형을 잡으면서 넘어지기 직전의 순간을 포착해야 한다. 그 순간 자로 깡통 끝과 바닥 사이의 길이를 잰다. 그 높이가 낮을수록 안정성이 더 좋다.

1단계
음료수가 가득 들어 있는 깡통부터 측정을 시작하여 그 결과를 기록한다.

2단계
깡통이 빌 때까지 음료수를 조금씩 마시면서 여러 번에 걸쳐 측정하여 그 결과를 기록한다. 전체를 종합해보면 그 결과에 깜짝 놀랄 것이다. 깡통은 음료수가 가득 들어 있을 때나 비어 있을 때에는 안정된 상태를 보이지 않는다. 음료수가 절반쯤 들어 있을 때 깡통은 안정된 상태가 된다. 즉 깡통이 넘어지지 않게 하는 최선의 방법은 음료수를 가득 채우거나 다 비우지 말고 어느 정도만 비우는 것이다. 이 결과는 액체의 밀도와 깡통의 재료, 그리고 깡통의 높이에 달려 있다.

330 ml 음료수 깡통으로 직접 실험한 결과를 적어보자.

음료수가 가득 들어 있을 때:_____cm

음료수가 절반 쯤 들어 있을 때:_____cm

음료수가 없을 때:_____cm

그 동안 줄타기 곡예사 빌리는 공연을 끝내고 박수 갈채를 받으며 물러난다. 이번에는 어릿광대가 거침 없이 줄 위로 올라가더니 매우 뒤뚱거리며 줄타기를 시작한다. 사태가 심상치 않다. 어릿광대는 두 손에 무거운 물체가 부착된 특수 의복을 입고 있다. 이 옷을 입고 어릿광대는 줄 위에서 물구나무서기까지 한다. 어릿광대의 이러한 예술품은 집에서 쉽게 만들 수 있다. 어릿광대의 무게 중심은 줄보다 아래에 있다.

어릿광대가 균형을 잡는 비결

아래 그림을 종이에 복사한 다음 점선을 따라 오린 뒤 색칠을 한다. 곡예사의 줄 대용으로 끈을 준비하여 방의 양끝에 매고 그 위에 어릿광대를 올려놓는다. 무슨 일이 벌어질까?

어릿광대는 곧바로 밑으로 떨어진다. 종이로 만든 어릿광대여서

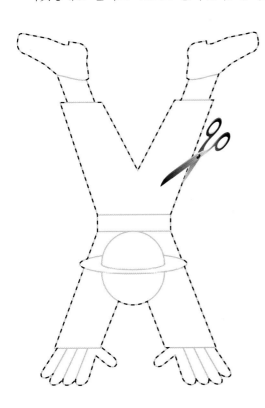

그나마 다행이다. 안전을 위해서 어릿광대에게 묵직한 특수 의복을 입히는 방법이 있다. 여기서는 두 손에 작은 동전을 붙이는 것으로 충분하다(그림 참조). 그다음에 어릿광대를 줄 위에 올려놓으면 어릿광대는 아무 어려움 없이 물구나무서기를 한 채로 몸의 균형을 잡는다.

이 실험을 통해 무

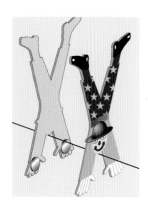

어릿광대의 무게 중심은 줄 아래에 있다. 누가 그것을 생각이나 했겠는가?

게 중심이 줄 아래로 내려갈수록 몸의 균형을 더 잘 유지할 수 있다는 사실이 밝혀진다. 이것은 양끝이 출렁이는 막대기를 든 줄타기 곡예사의 경우와 똑같다.

할아버지는 지금까지의 서커스에 매우 만족한 표정이다. 공연은 흥미진진하고 위험스럽지도 않다. 얀은 학교 공부를 곁들인 셈이다. 물론 그는 자신이 더 많은 것을 배웠다고 장담하지는 않을 작정이다. 그는 얀을 위해 다시 한 번 요약해서 설명한다.

"어떤 물체의 질량 분포가 몸의 균형을 잡는 데 결정적인 작용을 한단다. 무게의 대부분이 무게 중심과 멀리 떨어져 더 깊은 곳에 놓여 있을수록 물체는 더 쉽게 균형을 잡거든."

"물체의 균형을 잡는 일이 쉽지 않으면 어떻게 될까요?" 얀이 궁금한 듯 묻는다.

"손가락 위에 망치를 똑바로 세워놓은 상태에서 균형을 잡는 일은 상당히 어렵다는 생각이 드는구나."

이것은 집에서 쉽게 실험해볼 수 있다. 실험해보면 알 수 있듯이 우리 몸은 균형을 계속 유지하기 위해 숙련된 묘기를 부린다.

속임수로 균형 잡기

손가락 위에 망치를 똑바로 세워놓고 균형을 잡는 방법에는 두 가지가 있다. 망치의 머리를 위로 또는 아래로 하여 균형을 잡는 방법 중 어느 것이 더 쉬울까?

결과는 뜻밖에도 매우 놀랄 만하다. 망치의 머리를 위로 향하게 하여 손가락 위에 올려놓은 경우에는 어느 정도 연습만 하면 균형을 잡을 수 있다. 이와 반대로 망치의 머리를 아래로 향하게 하여 손가락

필수 재료
이 실험에는 망치, 빗자루, 빈 음료수 병 등 질량 분포가 다른 물체가 필요하다.

위에 올려놓은 경우에는 균형을 잡는 일이 거의 불가능하다. 따라서 망치는 손잡이를 아래로 향하게 할 때 더 안정적이다.

질문에 대한 질문

이것은 어떻게 설명할 수 있을까? 그렇다면 줄타기 곡예사의 막대기를 예로 들었던, 무게 중심은 가능한 한 낮은 곳에 있어야 한다는 말은 중요하지 않다는 것인가? 물론 이 법칙은 망치에도 적용된다. 이것은 가령 손잡이의 중간에 못을 박아 들어보면 알 수 있다. 망치의 머리가 위로 향할 때 망치는 물론 불안정하다. 무게 중심이 못과의 접촉점 위에 놓이기 때문이다. 반대로 머리가 아래로 향할 때 망

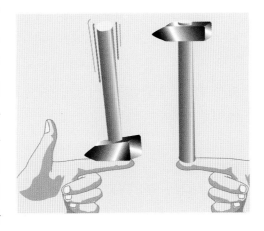

머리가 위로 향한 오른쪽 망치는 왼쪽 망치처럼 쉽게 균형을 잃지 않는다. 대부분의 질량이 접촉점에서 훨씬 멀리 떨어져 있기 때문이다.

치는 안정된다. 무게 중심이 못과의 접촉점 아래에 놓이기 때문이다. 그러나 손가락으로 균형을 잡을 때의 차이는 두 가지 경우에 손가락이 망치의 아래, 즉 무게 중심의 아래에 놓인다는 점이다. 따라서 망치는 매번 불안정한 균형을 이룬다.

　망치가 얼마나 쉽게 균형을 잃는가는 전적으로 관성 모멘트에 달려 있다. 이 관성 모멘트는 머리가 위로 향한 망치가 더 높다. 대부분의 질량이 접촉점에서 훨씬 멀리 떨어져 있기 때문이다. 따라서 머리가 위로 향한 망치가 균형을 잃을 때까지는 시간이 비교적 오래 걸린다. 실험은 바로 이것을 보여준다.

전문 용어 설명

핵심적인 전문 용어로는 무게 중심, 안정성, 균형, 토크, 지렛자루(물체의 회전 중심으로부터 힘이 작용하는 지점까지의 거리), 관성 모멘트 등을 들 수 있다.

앞에서 살펴본 것과 같이 물체를 어떤 받침대 위에 올려놓을 때, 무게 중심이 접촉점 위나 아래에 수직 방향으로 위치하게 되면 균형을 유지한다. 그 다음에는 질량의 수많은 지분(잘게 나눈 부분)들이 접촉점을 축으로 하여 물체를 자신의 방향으로 회전시키려고 한다. 질량의 지분들이 물체에 미치는 영향이 토크이다. 작은 질량이 물체의 무게 중심과 떨어져 있을수록 이른바 지렛자루 및 토크에 대한 지분이 더 커진다.

전체 토크

균형 상태에서 무게 중심과 물체의 전체 토크는 0이다. 이것은 무게 중심에서 수직 방향으로 위와 아래의 모든 지점에 적용된다. 관성 모멘트가 큰 물체는 균형을 잡을 때 더 커다란 안정성을 갖는다. 더 큰 관성으로 인하여 물체가 균형 상태에서 벗어나기까지 더 오랜 시간이 걸리기 때문이다. 균형의 안정성을 결정하는 요인은 접촉점의 높이다. 물체의 무게 중심이 접촉점의 상단에 위치하면 균형은 근본적으로 불안정하다. 바람이 조금만 불어도 물체는 균형을 잃는다. 이미 살펴보았듯이 추락은 단지 높은 관성 모멘트로 인하여 늦춰질 뿐이다.

거꾸로 무게 중심이 접촉점의 하단에 위치하면 정반대의 경우가

관성 모멘트

어떤 물체의 질량 대부분이 접촉점과 멀리 떨어져 있으면 그 물체가 균형을 잃는 속도는 매우 느리다. 토크에 대한 이러한 저항이 관성 모멘트이다.

된다. 이 경우에 균형은 처음부터 안정된 상태이다. 물체는 조금씩 흔들리다가도 곧 안정된 상태로 돌아온다.

망치의 머리가 아래로 향한 경우

망치의 머리가 아래로 향한 경우에는 정반대가 된다. 이 경우에 망치를 가만히 붙들고 있기란 현실적으로 불가능하다. 그럼에도 불구하고 우리 몸은 불가능한 것을 가능하게 하려고 노력한다. 즉 망치가 쓰러지는 것을 막기 위해 손가락들을 움직여 망치를 이리저리 흔드는 것이다. 이때 한쪽과 그 반대쪽에서의 낙하 운동은 서로 상쇄된다. 이러한 묘기는 시간적으로 질량의 재분배를 가져온다. 시간의 경과에 따른 망치의 질량 분포를 관찰해보면, 운동을 통해 대부분의 질점이 평균적으로 접촉점에서 멀리 떨어지는 것을 알게 된다. 논리적으로 이러한 묘기는 또한 더 커다란 안정성을 가져온다. 줄타기 곡예사가 균형을 잃으려고 할 때도 이와 똑같은 현상을 관찰할 수 있다. 그러한 상황에서 곡예사가 몸을 가볍게 이리저리 흔드는 운동이 낙하 운동을 상쇄시킨다.

독일의 중심

그 사이에 서커스 단장이 무대에 등장하여 다음 묘기를 직접 실명한다. 그는 관객들 앞에 서서 흥분한 목소리로 다음과 같이 예고한다. "여러분에게 다음 묘기를 제가 직접 보여드리겠습니다. 이 묘기는 제가 직접 할 수 있을 만큼 간단하며 한편으로는 매우 중요하기 때문입니다. 심지어 정치에 영향을 미칠 수도 있습니다. 문제의 핵심

중심은 어디일까

독일의 중심이 어디인가 하는 문제로 여러 도시들이 끝없는 논쟁을 벌이고 있다. 그러나 간단한 물리적 실험을 통해 이 문제를 쉽게 해결할 수 있다.

은 지역과 국가의 중심을 찾아내는 데 있습니다. 여러분의 눈앞에서 이 수수께끼를 풀어보겠습니다." 이를 위해 단장은 단단한 판지에 부착한 거대한 독일 지도를 가져와서는 마술사처럼 자랑스러운 태도로 관객에게 보여준다. 다시 단장의 말이 이어진다. "어릿광대 서니가 이 줄을 들고 다시 한 번 위로 올라갈 것입니다." 그가 어릿광대에게 끝에 무거운 납이 달린 줄을 건네준다.

단장은 긍지에 가득 찬 목소리로 설명한다. "이 줄과 못 한 개, 그리고 펜이 독일의 중심을 찾아내는 데 필요한 도구의 전부입니다."

그 동안 어릿광대는 위로 올라가서 납이 달린 줄 끝을 밑으로 던진다. 그는 줄의 다른 쪽 끝을 천장에 고정시킨다. 줄은 이제 바닥을 향해 수직으로 늘어져 있다. 그 사이에 단장은 못 하나를 독일 지도 어딘가에 박았다. 그는 줄의 중간쯤을 못에 감는다. 납덩어리는 여전히 바닥을 향해 수직으로 매달려 있다. 지도는 이리저리 흔들리다가 마침내 균형을 잡는다.

못의 비결

헬름슈테트 또는 발트자센?

헬름슈테트 지역의 고속도로 휴게소들은 '유럽의 중심에 위치한 휴게소'라는 간판을 내걸고 있다. 19세기 초 나폴레옹의 의견은 물론 달랐다. 그는 1805년 오버팔츠 지역의 발트자센 부근에 유럽의 중심을 나타내는 기념비를 세웠다.

잠시 후 단장이 흥분한 목소리로 말을 계속한다. "임의의 물체는 그 무게 중심이 접촉점 아래에 수직으로 위치할 경우에 안정된 균형 상태를 유지한다는 사실을 여러분도 아셨을 것입니다. 따라서 독일의 중심은 못 하단에 위치하고 있음이 분명합니다."

그는 펜으로 못 하단에 있는 줄을 따라서 선을 긋는다.

"이 선 위에 독일의 중심이 위치해 있습니다. 이제 묘기를 보여드리겠습니다. 이것을 위해 못을 다른 위치에 옮겨 박은 다음 똑같은 실험을 다시 한 번 하겠습니다." 마치 자신이 이 묘기를 고안해낸 듯

한 단장의 말투는 약간 선생님 티가 난다. 물론 그가 이 묘기를 고안해낸 것은 아니다. 그러나 서커스 단장들은 항상 선생님 티를 내게 마련이다.

단장은 곧 지도의 다른 위치에 못을 옮겨 박은 다음 줄을 거기에 고정시킨다. 판지는 그 무게 중심이 다시 못 아래에 수직으로 위치할 때 새로 균형을 잡는다. 단장은 재빨리 줄을 따라 펜으로 두 번째 선을 긋는다.

"무게 중심은 두 선 위에 동시에 위치해야 합니다. 따라서 두 선이 만나는 지점에 무게 중심이 놓여 있습니다. 이제는 그 지점에 못을 꽂고 그곳이 지도의 어디를 나타내는지 살펴보겠습니다."

북소리가 요란한 가운데 못은 튀링겐 지역의 한 곳을 가리키고 있음이 밝혀진다. 그곳은 바로 '니더도를라' 이다.

정치가들도 공식적으로 튀링겐 지역의 니더도를라를 독일의 중심으로 결정하는 데 합의했다. 그 기념으로 그곳에 보리수나무 한 그루를 심었다.

"이것은 물론 소송의 대상이 될 수 없습니다. 이 문제는 법률적으로 해결할 수 없기 때문입니다. 예를 들어 측정 대상 지역을 규정할 때 자의적인 판단이 개입할 소지가 많습니다. 헬골란트와 같은 섬 전부를 포함시킬 경우 섬을 둘러싼 바다를 어떻게 할 것이냐는 고민이 생깁니다. 이밖에도 지표면의 굴곡이나 산과 계곡의 울퉁불퉁한 부분을 고려할 것인지도 결정해야 합니다." 단장은 박수 갈채를 받으며 공연을 끝낸다.

중심을 찾아내는 단장의 이 묘기는 집에서도 따라할 수 있다.

그림의 무게 중심

이 묘기를 이용하면 모든 물체의 무게 중심을 찾아낼 수 있다. 예를 들어 그림의 무게 중심을 측정하여 벽에 안전하게 걸어둘 수 있다. 또 사진 속에 있는 인물들의 무게 중심도 측정할 수 있다. 그러나 그것은 사진의 무게 중심이지 액자의 무게 중심이 아니라는 점에 유의해야 한다.

국가와 대륙의 지리학적 중심

국가 / 대륙	중심
독일	니더도를라(튀링겐)
오스트리아	바트아우스제(슈타이어마르크)
유럽	동쪽의 경계가 수시로 바뀌기 때문에 확정할 수 없다.
미국(본토)	레바논 부근(텍사스)
미국(50개 주 전부)	캐슬록 부근(사우스다코타)
북아메리카	발타(노스다코타)에서 서쪽으로 10km지점
캐나다	북서쪽 지역의 베이커 호수(도로가 없을 정도로 한적한 곳)
중국	란저우(간쑤 지방의 수도)

독일과 유럽의 중심은 어디인가

세계 지도에서 독일과 유럽을 복사한 다음 단단한 판지에 붙인다. 윤곽선을 따라 판지를 오려낸다. 보조 기구로는 노끈, 바늘, 연필, 바지 단추(또는 이와 비슷한 무게를 지닌 물체) 등이 필요하다. 이것들을 이용하여 중심을 상당히 정확하게 찾아낼 수 있다. 방법은 다음과 같다.

1단계
먼저 바지 단추를 노끈에 붙들어맨다.

거주지와 고향의 중심
자신의 거주지와 고향의 중심에 관심이 있는 사람은 지도에서 해당 지역의 윤곽선을 오려낸 다음 본문과 같이 따라한다.

2단계
바늘을 지도가 붙은 판지의 적당한 지점에 꽂은 다음 노끈을 절반 정

도의 길이에서 바늘에
고정시킨다.

3단계

노끈의 위쪽 끝을 붙
잡고 지도와 바지 단
추가 아래쪽 방향으로
흔들리도록 늘어뜨려
놓는다. 어느 순간이
되면 지도가 균형을
잡는다. 여기에서 무
게 중심은 바늘 아래
의 직선 위에 위치한
다. 판지 위에 노끈이
가리키는 선을 따라 연필로 표시한다.

4단계

노끈을 동여맨 바늘을 판지의 다른 지점에 꽂는다. 다시 새로운 무게
중심이 생겨난다. 이번에도 중심은 바늘 아래에 위치한다.

5단계

다시 한 번 노끈을 따라 선을 연필로 표시한다. 두 선이 만나는 지점
이 바로 중심이다. 이 접점에 바늘을 꽂는다. 이 바늘이 가리키는 지
역이 지도의 중심이다.

뉴턴의 법칙

그 사이에 무대는 완전히 어두워지고 무거운 정적이 흐른다. 긴장이 고조된 순간 어둠 속에서 어떤 목소리가 들려온다. "신사 숙녀 여러분, 이 서커스에서는 오늘 세계에서 가장 위대한 마술사가 등장합니다. 이 환상적인 마술사는 우리에게 항상 새로운 예술을 선보입니다. 그는 새로운 아침의 기적을 비롯하여 계절·산·비행·별자리 등과 관련한 마술을 보여줍니다. 그는 따뜻함과 차가움, 높고 낮음, 아름다움과 추함, 기쁨과 슬픔의 비결을 알고 있습니다. 그러나 그의 가장 위대한 묘기는 삶의 기적입니다. 이른 아침 사람들이 동시에 커피 메이커 앞에 앉게 만드는 — 커피 메이커가 작동하기 전에는 아닙니다 — 예술은 정말 특별합니다. 세계에서 가장 위대한 이 마술은 우리의 자연과 관련이 있습니다. 위대한 서커스에서와 마찬가지로 우리는 이 예술의 상당 부분을 가능한 한 올바르게 이해하려고 노력합니다. 지금까지 아마도 가장 위대한 성공을 거둔 이 사람을 이제 여러분께 소개하겠습니다." 정적은 더욱 깊어만 간다. 얀은 숨이 막힐 지경이다. "그의 이름은……(북소리가 요란해진다)……1642년 영국에서 태어난 아이작 뉴턴입니다." 단장 뒤의 스크린에 위대한 대가의 모습이 나타난다.

"그는 갈릴레오 갈릴레이가 죽은 해에 태어났습니다. 갈릴레오 갈릴레이는 앞에서 살펴보았듯이 뉴턴의 탁월한 업적에 방향을 제시하는 역할을 했습니다. 길릴레이 이외에도 니콜라우스 코페르니쿠스

(1473~1543), 티코 브라헤(1546~1601), 요하네스 케플러(1571~1630) 등과 같은 위대한 학자들이 뉴턴에게 커다란 영향을 끼쳤습니다. 뉴턴 자신이 이들에 대해 한 말을 인용해보겠습니다.”

관객들의 시선이 일제히 스크린에 집중된다. 거기에는 다음과 같은 인용문이 나타난다.

> **정보상자**
>
> 아이작 뉴턴의 말에서 인용:
>
> “내가 다른 사람들보다 좀더 멀리 내다보는 것이 가능했다면 그것은 내가 거인들의 어깨 위에 서 있었기 때문이다.”

여기에서 뉴턴은 서커스에 버금가는 능력을 보여준다. 단장은 이 인용문을 소개함과 동시에 네 명의 거인이 펼치는 공연을 예고한다. 우람한 체격을 지닌 그들이 무대로 걸어나온다. 그들이 공연을 준비하는 동안 스크린에는 뉴턴의 업적과 삶을 요약한 글이 나타난다.

거인들은 무대를 돌아다니며 뉴턴의 유명한 운동 법칙을 서커스 공연을 통해 보여줄 준비를 갖춘다.

제1법칙:관성의 법칙

모든 물체는 자신의 현재 운동 상태(또는 정지 상태)를 계속 유지하려는 성질이 있다. 물체는 운동 상태의 변화에 저항하는데 이것을 관성이라고 한다. 관성의 법칙은 힘이 작용하는 물체가 한결같이 움직인다는 것을 말한다. 여기에서 한결같다는 말은 물체가 불변의 똑같

아이작 뉴턴

(1642~1727)

뉴턴이 발견한 원리들은 오늘날 정밀 과학의 토대를 이룬다. 그의 아이디어들은 진작에 그런 생각을 하지 못한 것이 놀라울만큼 곳곳에서 확인할 수 있고 누구에게나 자명한 것이다. 그래서 그의 탁월한 업적은 오늘날에도 타의 추종을 불허한다. 뉴턴은 수학과 물리학의 경계에 해당하는 분야에서 여러 가지를 발견하여 두 학문을 엄청나게 발전시켰다. 그는 독일의 수학자 라이프니츠와 함께 미분과 적분을 고안하여 수학에 혁명적인 변화를 불러일으켰다. 그리고 최초로 햇빛에 담긴 여러 가지 색채를 증명했다. 또한 그는 물체의 운동에 관한 일반적인 법칙을 찾아냈으며 이로부터 중력의 일반 법칙을 이끌어냈다. 그럼으로써 그는 물리학에 혁명적인 변화를 불러일으켰다.

은 속도로 직선 운동을 한다는 것을 의미한다. 이에 따르면 정지 상태의 물체는 속도가 0인 특수한 경우이다. 관성의 이러한 원칙은 갈릴레이의 관성의 법칙과 일치한다.

거인들은 공연을 도와줄 보조 인물로 얀을 선택한다. 그들을 따라 얀은 서커스 무대 한가운데로 나간다. 그곳에는 어느새 커다란 화물차가 서 있다. 거인들은 온 힘을 다해 이 화물차를 밀어 움직이려 한다. 얀에게 도움을 받고서야 그들은 마침내 화물차를 움직이는 데 성공한다. 화물차는 아주 천천히 움직이기 시작한다. 시간이 지날수록 화물차를 미는 일이 훨씬 쉬워진다. 그들은 얀이 눈치를 채지 못하는 사이에 한 사람씩 차례로 화물차에서 손을 뗀다. 마침내 얀은 혼자서 화물차를 밀게 되고 관중들의 박수 갈채를 받는다. 이러한 갈채는 화물차의 관성 덕분이다.

이것은 얀까지 화물차에서 손을 뗀 뒤에도 이 화물차가 저절로 관객들을 향해 계속 굴러갈 때 분명해진다. 얀이 화물차를 멈추려고 했지만 실패하고 만다. 그는 거인들의 도움을 받고서야 관객들을 물리학의 법칙으로부터 보호할 수 있었다. 이러한 실험은 집에서도 썰매나 흙을 채워넣은 손수레, 또는 슈퍼마켓용 쇼핑 카트 등을 이용하여 재현할 수 있다.

관성의 힘은 서커스에서뿐만 아니라 나른한 일상 속에서도 얼마든지 찾아볼 수 있다. 그런 까닭에 관성을 이용한 묘기는 무궁무진하다.

관성을 이용한 묘기

동전을 층층이 쌓아올린 상태에서 어떻게 맨 밑의 동전을 빼낼 수 있을까 층층이 쌓아놓은 동전들 중에서 무조건 맨 밑의 동전을 갖고 싶은 경우가 종종 있다. 동전 더미를 무너뜨리지 않고 어떻게 이 동전을 빼낼 수 있을까? 동전 더미의 관성이 문제를 해결하는 데 도움을 준다. 맨 밑의 부분을 가능한 한 빨리 끌어당기거나 손가락으로 튕기면 동전 더미는 모양을 그대로 유지한 채로 밑에 생긴 틈새를 메운다. 10원짜리 동전 열 개를

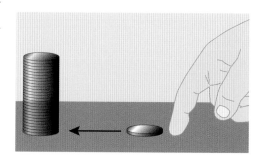

이 묘기는 동전을 정확하게 맞출 때에만 성공할 수 있다. 어느 정도 연습하면 동전 더미에서 맨 밑의 동전을 빼낼 수 있다.

쌓아놓은 상태에서 이것을 실험해볼 수 있다.

맨 밑의 동전을 겨냥하여 또 다른 10원짜리 동전을 적당한 거리에서(대략 3cm) 손가락으로 힘차게 튕긴다. 가운뎃손가락 또는 집게손가락으로 튕기는 것이 가장 좋다. 맨 밑의 동전은 충돌로 인해 동전 더미에서 밖으로 튕겨나온다. 그러나 그것은 나머지 동전들의 움직임에 아무런 영향도 미치지 않는다. 물론 이것은 모든 것이 제대로 이루어졌을 경우에 한해서이다. 동전 더미가 무너지지 않고 원래의 형태를 유지하는 것은 관성 때문이다. 어느 정도 연습하면 이 묘기는 누구나 따라할 수 있다.

식탁을 치우지 않은 상태에서 어떻게 식탁보를 빼낼 수 있을까. 또는 신문 위에 커피잔이나 책이 놓여 있을 때 이 물건을 건드리지 않고 어떻게 신문을 빼낼 수 있을까

그 해결책 역시 물체의 관성과 연관이 있다. 물론 식당이나 거실에서 이 묘기를 행할 경우에는 그러한 실험을 이해하지 못하는 관객들, 예를 들어 커피잔·신문·거실 등의 주인에게 미리 양해를 구하는 것

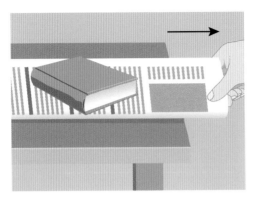

이 좋다. 안전을 위해
여기서는 책처럼 깨지
지 않는 물체에 국한하
기로 한다. 먼저 책을
신문 위에 올려놓는다.
그 다음에는 재빠른 동
작으로 단숨에 신문을
잡아당긴다. 그 동작이

매우 빨랐다면 책은 꿈쩍도 하지 않고 그대로 있을 것이다. 그 이유
는 책의 관성에 있다.

성냥갑의 부드러운 착륙

성냥이 가득 담긴 성냥갑을 바닥으로부터 20cm의 높이에서 떨어뜨
릴 때 멋진 묘기를 보여줄 수 있다.

이 책의 독자가 아닌 사람은 그 누구도 이 성냥갑이 바닥에 떨어졌
을 때 세로로 서 있게(옆의 그림 참조) 만들 수 없을지 모른다.

정상적인 경우라면 성냥갑은 바닥에 부딪히자마자 균형을 잃고 넘
어진다. 이 묘기 역시 관성과 관련이 있다. 즉 성냥갑 서랍을 몇 센티
미터 연 다음 그림처럼 성냥개비의 머리가 위로 향한 상태에서 바닥
에 떨어뜨린다. 성냥갑은 바닥에 닿을 때 작용하는 성냥의 관성으로
인해 부드럽고 안정되게 내려앉는다. 성냥갑이 이미 바닥에 닿았음
에도 불구하고 성냥갑 서랍은 관성으로 인해 계속 밑으로 움직이려
한다. 성냥갑과의 마찰이 성냥갑 서랍의 운동에 부드럽게 제동을 건
다. 그래서 성냥갑은 넘어지지 않고 그대로 서 있게 된다.

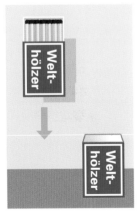

뚜껑이 반쯤 열린 성냥갑은 바닥에
닿을 때 넘어지지 않는다.

기차 안에서 깡통은 어떻게 굴러갈까

관성의 법칙은 차 안에서도 얼마든지 찾아볼 수 있다. 예를 들어 음료수 깡통을 기차 바닥에 놓아보자. 기차가 속력을 내거나 제동을 걸 때마다 깡통은 이리저리 굴러다닌다. 그러나 기차가 일정한 속도로 달릴 때 깡통은 움직이지 않는다. 왜 그럴까? 여기에도 관성의 법칙이 작용한다. 깡통은 이전의 상태를 유지하려는 '소망'을 가지고 있다. 기차가 출발하면 깡통은 가능한 한 움직이지 않으려고 한다. 따라서 기차 바닥이 깡통보다 더 빠르다. 기차 밖에서 바라보면 바닥은 마치 기차의 진행 방향으로 달려가는 것처럼 보인다. 그러나 기차 내부에서는 완전히 다르게 보인다. 깡통은 기차 진행 방향과 반대 방향으로 구른다. 이 상태는 기차가 일정한 속도에 도달할 때까지 계속된다.

기차가 제동을 걸 때는 정반대가 된다. 깡통은 다시 가능한 한 자신의 속도를 유지하려고 한다. 따라서 깡통은 제동이 걸린 바닥보다 더 빠르며 기차 내부에서 기차 진행 방향으로 굴러간다.

깡통에 영향을 미치는 것과 똑같은 힘이 다른 모든 움직이는 물체에도 영향을 미친다. 그 예로 사람의 내장 기관이나 또는 사람의 피부에 변화된 압력을 가하는 공기를 들 수 있다.

하지만 동일한 형태의 운동이 지속될 때 관성은 느껴지지 않는다. 이것은 일정한 속도를 내면서 한 방향으로 달리는 기차나 차 안에서 간단히 관찰할 수 있다. 즉 눈을 감고 있으면 차가 어느 방향으로 움직이는지 알지 못한다.

제2법칙:작용의 법칙

매우 중요한 이 법칙은 실제로 획기적인 분수령을 이루었다. 이를

통해 뉴턴은 처음으로 물리학에서 힘에 대한 정확하고 이론의 여지
가 없는 정의를 내렸다. 물리학에서 힘은 때리기 아니면 끌어당기기
이다.

"제가 어릿광대를 때린다는 것은 그에게 힘을 가한다는 뜻입니다."
이렇게 말한 단장은 어릿광대를 발로 힘껏 찬다.

"앞으로 살펴보겠지
만 그는 이를 통해 속도
를 내게 됩니다. 달리
말해서 그의 운동 상태
가 변화합니다. 뉴턴의
두 번째 법칙에 따르면
제가 어릿광대에게 가
한 힘은 그의 질량과 가
속도를 곱한 것에 비례
합니다."

물리학적으로 말해서 단장의 발길
질은 어릿광대의 운동 상태를 변화
시킨다.

이것을 공식으로 나타내면 $F=ma$가 된다.

($F=$힘, $m=$질량, $a=$가속도)

운동의 제2법칙에 따르면 외부의 힘이 가해질 때 물체는 질량이 작
을수록 더 쉽게 가속된다. 힘 F가 0이면 물체는 물론 가속되지 않으
며, 제1법칙에서 살펴보았듯이 동일한 상태로 운동한다.

"뉴턴의 제2법칙을 구체적으로 설명하기 위해 우리는 비용을 아끼
지 않았으며 그러한 차원에서 값비싼 페라리 자동차를 준비했습니
다." 단장은 작용의 법칙과 관련한 프로그램을 진행한다. 운동복 차
림을 한 운전기사가 빨간색 자동차를 무대로 몰고나온다. 단장은 그
차가 자신의 업무용이며 자신의 주머니 속에 차 열쇠가 들어 있다는

운동에 관한 뉴턴의 제2법칙과 아인슈타인의 상대성 이론

뉴턴이 말한 작용의 법칙을 좀더 알기 쉽게 표현하자면 어떤 물체의 운동량 p는 여기에 가해지는 힘 F에 의해 변화된다. 운동량 p는 질량 m과 물체의 속도 v의 곱으로 이루어진다. 이러한 공식은 아인슈타인의 상대성 이론의 근거로 작용한다. 그것은 물체 속도의 변화, 즉 가속 이외에도 이 물체에 가해지는 힘에 의한 질량의 변화를 포함하고 있기 때문이다.

사실을 숨긴다. "조금 전에 여러분이 보셨다시피 화물차를 밀어 움직이기 위해서는 네 명의 거인과 얀의 힘이 필요했습니다. 승용차를 움직이기 위해서는 몇 명의 거인이 필요할까요?"

자동차 밀어 움직이기

거인들이 행동을 개시한다. 먼저 한 사람이 시도하고 나서 둘, 셋이 덤비다가 나중에는 얀과 거인 모두가 달려든다. 그러나 자동차는 꿈쩍도 하지 않는다. 결국에는 단장도 거든다. 그러나 자동차는 1cm도 움직이지 않는다. 모두 어쩔 줄 모르고 서로를 쳐다본다. 이 승용차는 화물차보다 훨씬 가볍다. 이 차를 밀어 움직이기 위해서는 두 사람 정도면 충분해야 할 것이다. 그렇다면 뉴턴이 착각을 일으켰던 것일까? 이때 얀에게 어떤 생각이 떠오른다. "혹시 핸드 브레이크를 올린 것이 아닐까요?"

거인들이 창문을 통해 안을 들여다보니 얀의 말이 맞다. 문은 잠겨

작용의 법칙
뉴턴의 제2법칙에 따르면 외부의 힘이 가해질 때 물체는 질량이 작을수록 더 쉽게 가속된다.

있으며 운전기사는 열쇠를 가진 채 저녁을 먹으러 가고 없다. 거인들은 어떤 창문을 깨고 들어가야 좋을지 곰곰이 생각한다. 이때 단장이 나선다. 그는 자신의 페라리 자동차와 공연을 위기에서 구한다. 서커스 단장은 원래 이런 역할을 하는 사람이다. 그는 호주머니에서 열쇠를 꺼내 문을 열고 브레이크를 푼다.

거인들은 단장이 새 자동차를 장만할 여유가 있으면서도 자신들에게 쥐꼬리만한 월급만 지불한 것에 상당히 분노한다. 그래서 그들은 자동차를 무대에서 미는 일을 거부한다. 단장은 어쩔 수 없이 얀과 할아버지와 함께 안간힘을 쓴 끝에 이 일을 해낸다.

"신사 숙녀 여러분, 서커스에서 몇몇 묘기는 성공하지 못한다는 것도 특별한 즐거움을 가져다줍니다." 당혹감을 감추지 못한 단장은 다시 정신을 차리려고 애쓴다.

"어쨌든 우리는 거인들의 힘을 빌리지 않고서도 뉴턴의 제2법칙이 유효하다는 것을 보여주었습니다. 승용차는 무거운 화물차보다 더 작은 힘으로도 가속됩니다."

작용의 법칙은 집에서도 검증 가능하다.

작용의 법칙 확인하기

여기에 필요한 재료는 나무판자, 고무줄, 끈, 압핀, 둥근 고리쇠가 달린 못 두 개, 목걸이용 구슬 두 개, 딱딱하고 긴 종이, 접착제, 연필, 자 등이다.

1단계
먼저 나무판자의 한 끝에 고무줄을 압핀으로 고정시킨다.

2단계

두 개의 못을 옆의 그림처럼 나무판자에 고정시킨다. 즉 못 하나는 압핀 근처에, 다른 못은 나무판자의 맞은편 끝에 고정시킨다.

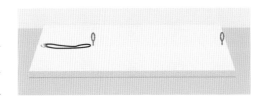

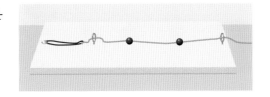

3단계

끈을 고무줄에 묶어 고정시킨다. 그 매듭은 못의 고리쇠를 통과할 수 있을 만큼 작아야 한다. 끈을 첫 번째 고리쇠, 두 개의 구슬, 두 번째 고리쇠 순서로 관통시킨다.

4단계

압핀과 가까운 구슬을 끈에 접착시킨다. 고무줄이 직선이 될 때까지 조심스럽게 잡아당긴 다음 끈에 접착된 구슬이 위치한 부분에 긴 종이를 부착한다. 이것이 종이로 만든 눈금의 시작점이다. 자를 이용하여 종이 위에 일정한 간격으로 눈금을 표시한다.

이세 힘을 측정할 수 있는 장비가 완성되었다. 힘의 크기에 따라

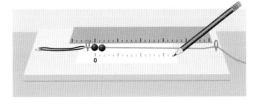

힘의 크기에 따라 고무줄이 늘어나는 정도가 달라진다.

고무줄이 늘어나는 정도가 달라진다. 힘의 크기는 끈에 접착된 구슬의 위치를 통해 정확히 확인할 수 있다.

실험 대상에 무게를 추가하여 똑같은 실험을 한 다음 힘의 크기를 측정한다. 그 결과 무게가 추가된 실험 대상을 정지 상태에서 가속시키려면 더 많은 힘이 필요하다는 사실이 밝혀진다. 마찬가지로 실험 대상이 더 큰 가속도를 얻기 위해서는 더 큰 힘이 필요하다. 이것을 알기 위해 똑같은 대상을 이전보다 더 세게 끌어당겨본다. 이때 고무줄은 더 팽팽해진다.

이로써 뉴턴의 제2법칙이 증명된다. 즉 물체의 질량이나 가속도가 클수록 힘은 더 커진다.

5단계

무게와 끌어당기는 힘의 크기를 측정하고 싶은 '실험 대상'을 끈에 연결한다. 양치질용 컵이나 상자, 책, 장난감 기관차 등 주변에 있는 모든 것이 실험 대상이 될 수 있다.

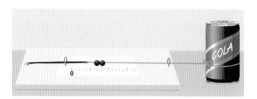

6단계

실험 대상을 매달은 나무판자를 천천히 끌어당긴다. 고무줄은 늘어나고 끈에 접착된 구슬은 실험 대상이 움직일 때까지 접착하지 않은 구슬을 밀어 옮긴다. 고무줄은 일단 움직이고 난 뒤부터는 뉴턴의 제1법칙에 따라 다시 줄어든다. 움직임이 자유로운 구슬은 그러나 고무줄이 최대로 늘어난 지점에 머무른다. 여기에서 실험 대상을 끌어당기는 데 필요한 힘의 크기를 측정할 수 있다.

제3법칙:작용 – 반작용의 법칙

단장은 경탄을 금치 못하는 관객들에게 다음 공연을 예고한다. "뉴턴의 세 번째 운동 법칙은 작용–반작용의 법칙입니다. 그것은 서로에게 영향을 미치는 두 물체 사이의 상호 작용을 말합니다. 손으로 벽을 친다고 생각해보십시오. 이때 손은 벽에 힘을 가하게 됩니다. 그것이 이른바 작용이지요. 그러나 벽도 저항을 합니다. 벽은 자신에게 가해진 힘과 동일한 크기의 힘을 손에 가하게 됩니다. 이것이 이른바 반작용입니다. 이 힘이 벽의 균형을 유지시키고 손에 고통을 줄 수도 있습

니다. 그래서 생각 속에서만 벽을 손으로 쳐보는 것입니다. 작용 – 반
작용의 법칙은 다음과 같습니다. 한 물체에 또 다른 물체에서 나온 힘
이 작용하면 그 물체 역시 이에 상응하는 힘을 상대방에게 가합니다."

거인들은 어느새 마음을 가라앉히고 서커스 단장의 페라리 자동차
를 끌고 무대 밖으로 나갔다. 그러고는 다시 무대로 나와 줄다리기
공연을 준비하고
있다.

두껍고 단단한
밧줄의 양끝에 각
각 두 명의 거인
이 힘껏 밧줄을

잡아당긴다. "지금 힘과 그 저항력은 각각 어디에 위치해 있어요?"
얀이 할아버지에게 묻는다.

할아버지는 운이 좋았다. 단장이 그보다 앞서 설명했기 때문이다.
"각 팀은 일정한 힘으로 잡아당깁니다. 그 힘이 줄에 전달되어 줄을
팽팽하게 만들며 결국에는 줄의 다른 쪽 끝에도 전달됩니다. 거기에
서 이 힘은 두 거인에게 가해집니다. 따라서 이들은 동일한 크기의
힘을 상대방에게 가해야만 전체적으로 균형을 유지할 수 있습니다."

바지가 찢어질까

밧줄은 긴장이 강해질수록 더 길게 늘어난다. 이것은 1873년에 설
립된 리바이 스트라우스의 유명한 상표에 잘 드러난다. 이 상표에는
청바지를 서로 잡아당기는 두 마리의 말이 그려져 있다. 두 마리의
말이 강하게 잡아당길수록 바지에 작용하는 힘은 더 강해진다. 바지

힘과 저항력
밧줄을 잡아당기는 힘이 밧줄
에 전달된다. 밧줄은 팽팽해지
고 그 힘을 다른 쪽 끝에 전달
한다. 거기에서 힘은 다른 팀
에 가해진다. 이 팀이 동일한
크기의 힘을 상대방 팀에 가해
야만 전체적으로 균형을 유지
할 수 있다.

는 양쪽에서 점점 더 큰 힘을 받다가 어느 순간이 되면 찢어진다(아마도 리바이스 상표가 붙은 청바지는 제외하고). 밧줄 역시 원칙적으로 바지 여러 개를 길게 연결한 것과 다를 바가 없다.

지금까지는 이해할 만하다고 얀과 할아버지는 생각한다.

"말이 한 마리밖에 없어서 밧줄의 한쪽 끝을 나무 말뚝에 연결했다  면 어떻게 되었을까? 바지와 밧줄에 가해지는 긴장은 더 커질까 작아질까, 아니면 똑같을까?" 할아버지는 그 해답을 알고 싶어한다.

이 문제를 풀기 위해 거인들은 밧줄의 한쪽 끝을 서커스 기둥에 연결한다. 두 명의 거인이 다른 쪽 끝을 잡고 이전처럼 힘껏 잡아당긴다.

다른 거인 두 명은 밧줄의 길이를 측정한다. 밧줄이 늘어날수록 그 긴장과 작용하는 힘은 더 강해진다. "이것이 바로 뉴턴이 말한 작용–반작용의 법칙입니다." 모든 일이 순조롭게 진행되는 것에 기뻐하면서 단장이 말한다. "기둥이 다른 거인 두 명의 역할을 대신합니다. 밧줄이 계속 균형을 유지하는 한편으로 두 거인이 이전과 똑같은 힘으로 잡아당기기 때문에 기둥은 동일한 반작용의 힘을 밧줄과 두 거인에게 가하고 있음이 분명합니다. 그렇지 않다면 거인들의 힘에 의해 기둥이 뽑혔을 것입니다."

청바지의 경우도 이와 똑같다. 청바지는 한 마리의 말 또는 맞은편에 위치한 두 마리의 말이 잡아당기는 것에 상관없이 똑같은 정도로 늘어난다. 나무 말뚝과 서커스 기둥은 거울과 같다. 즉 사람이 그것을 강하게 잡아당길수록 그것도 더 강하게 잡아당긴다.

정면 충돌

"다음과 같은 힘들의 관계는 자동차 충돌 사고와도 비교할 수 있습니다. 동일한 자동차 두 대가 같은 속도로 달려 정면 충돌할 때 파손 정도는 얼마나 될까요?" 단장이 질문한다.

이 문제를 풀기 위해 거인들이 자동차 두 대를 무대로 끌고 나온다. 단장은 자신의 페라리 자동차가 실험 대상이 되지 않은 데 크게 안도한다. 실험 대상이 된 차들은 폐차 직전의 고물차이다. 두 대의 자동차를 각각 무대의 양쪽 끝에 세운다.

각각의 자동차에 두 명의 거인이 달려들어 힘껏 밀기 시작한다. 자동차 두 대가 무대 한가운데에서 굉음을 내며 부딪힌다. 두 자동차의 범퍼가 약간 찌그러진다.

"한 대의 자동차를 방금 전과 같은 속도로 벽에 부딪히면 어떻게 될까요?" 단장이 관객들을 바라보며 묻는다.

이 문제에 대한 해답을 얻기 위해 거인들은 거대한 돌담을 무대 한가운데에 설치한다.

거인들은 이러한 작업을 손쉽게 해치운다. 이번 공연에는 물론 자동차 한 대와 두

명의 거인만이 참여한다. 찌그러진 범퍼는 예비 범퍼로 교체되었다. 다시 거인들이 자동차를 힘껏 밀기 시작한다. 자동차는 마침내 쿵하는 소리와 함께 벽에 부딪힌다. 얼핏 보기에도 결과는 뜻밖이다. 파손 정도는 이전과 똑같다. 범퍼는 이전과 똑같은 정도로 찌그러졌을 뿐이다.

"이 뜻밖의 결과는 작용 – 반작용의 법칙에 근거하고 있습니다." 단장이 설명한다.

"충돌 시점에서 자동차에 가해지는 반작용의 힘은 그 출처가 벽이냐 또는 또 다른 자동차냐에 상관없이 똑같습니다. 여기에서 벽은 거울이나 정치가와 같습니다. 즉 정치가는 타격을 받을수록 더 강하게 반발합니다."

충돌을 피할까 말까

그럼에도 불구하고 충돌 사고의 경우 마주 오는 자동차를 피하는 것이 더 낫다. 거기에는 상대방의 자동차가 망가지지 않게 하려는 것 말고도 또 다른 이유가 있다. 앞의 실험은 이상적인 경우이다. 왜냐하면 벽이 외부의 힘에 견디지 못하면 충돌할 때 파괴적인 저항력이 현격하게 줄어들기 때문이다. 예를 들어 울타리나 정원 버팀목에 충돌할 경우가 이에 해당한다. 또한 앞의 실험은 동일한 자동차와 동일한 속도를 전제로 했다. 그러나 실제로 이러한 경우는 매우 드물다. 뉴턴의 제2법칙은 일반적으로 파괴력의 크기를 규정하고 있다. 따라서 마주 오는 자동차가 자신의 자동차와 비교할 때 더 무겁고 빠를수록 충돌 사고가 발생했을 때 더 불행한 결과를 가져올 수 있다.

긁힌 자국 또는 완전 파손?
작은 승용차와 육중한 화물차가 충돌하면 승용차는 크게 파괴되는 반면에 화물차는 약간의 손실을 입는 경우가 종종 있다. 이 경우에 충돌 사고는 더 이상 벽에 부딪힐 때와 같지 않다. 오히려 벽은 화물차의 속도로 상대방에게 저항한다. 이 모든 관계는 뉴턴이 제시한 작용 – 반작용의 법칙의 결과이다. 이러한 물리학적 원칙이 적용되는 또 다른 경우들을 집에서 쉽게 찾아볼 수 있다.

작용 – 반작용의 법칙의 신통한 효력

작용–반작용의 법칙의 신통한 효력은 일상 생활 속에서 너무 쉽게 볼 수 있어서 더 이상 신기하지 않을 정도이다. 예를 들어 걸어가든지 차를 타고 가든지 간에 우리가 앞을 향해 나아가는 경우가 이에 해당한다. 가고자 하는 방향으로 걷고 있는 우리에게 어떤 힘이 가해지고 있음이 분명하다. 이 힘의 유일한 '대상자'는 우리가 차를 타고 가거나 또는 걸어갈 때 내딛는 바닥이다. 한 걸음 한 걸음 옮겨놓을 때마다 우리는 바닥에 힘을 가한다. 반작용으로서 바닥은 이에 상응하는 힘을 만들어내어 우리 또는 차를 앞으로 가속한다. 이것은 바닥이 단단하지 않을 때 쉽게 관찰할 수 있다. 예를 들어 얼음 위나 진창에서 앞으로 나아가는 일은 단단한 바닥일 때보다 훨씬 힘들다. 바닥의 일부가 물이나 진창의 형태로 우리의 발걸음을 뒤로 가속한다. 결과적으로 바닥이 우리에게 더 작은 힘을 가하게 되어 앞으로 나아가기가 더 힘들어진다. 상황에 따라 앞으로 나아가는 것이 얼마나 힘든지를 집에서 간단하게 실험해볼 수 있다.

작용 – 반작용의 법칙은 전진 운동을 가능하게 하거나 방해한다

긴 자를 둥근 연필이나 음료수 깡통 위에 올려놓는다. 이 실험에서는 태엽을 감을 수 있는 장난감 자동차나 기관차를 준비하는 것이 가장 좋다. 태엽을 감은 자동차를 자 위에 올려놓으면 움직이기 시작한다. 그러나 평상시와

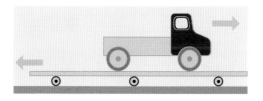

자동차가 앞으로 나아가면 자는 반대 방향으로 움직인다.

같지 않다. 왜냐하면 자동차는 앞으로 움직이려고 하는 반면에 자는 반대 방향으로 움직이기 때문이다. 작용의 법칙에 작용 – 반작용의 법칙이 대응한다.

이 힘들에 의한 물체들의 가속도는 뉴턴의 제2법칙에 따르면 각 물체의 질량에 좌우된다. 자와 자동차의 무게가 동일한 경우에 두 물체는 똑같은 속도로 움직인다(물론 반대 방향으로). 외부에서 관찰해보면 자동차는 땅바닥에서 달릴 때와 비교해서 전혀 움직이지 않는 것처럼 보인다. 자가 자동차보다 더 무거우면 자는 자동차보다 더 느린 속도로 움직인다.

반대로 자가 더 가벼우면 자는 자동차보다 더 빨리 움직인다. 이 모든 경우들은 동전을 자나 자동차에 올려놓아 무게를 조절함으로써 실행에 옮길 수 있다.

이러한 방법을 이용하여 자동차와 자가 똑같은 속도로 움직이게 한다. 그 다음에 동전을 포함한 자동차와 자의 무게를 달아본다. 이때 두 물체의 무게는 똑같을 것이다.

전진 운동에 대한 방해

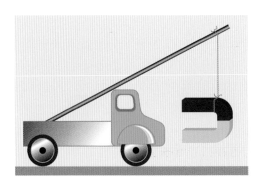

막대기에 연결한 강력한 자석을 옆의 그림과 같이 자동차에 설치할 때 그 자동차의 재질이 쇠라면 어떤 일이 벌어질까? 이때 막대기는 자동차에 고정되

어 있어야 한다. 자석이 자동차를 끌어당김으로써 자동차는 앞으로 나아가게 될까? 대답은 "아니다"이다.

작용 – 반작용의 법칙이 그런 운동을 못하게 하기 때문이다. 자석은 자동차가 앞으로 나아가도록 하는 힘을 만들어낸다. 그러나 자동차 쪽에서는 자석에 저항하는 힘을 만들어낸다. 자석은 막대기를 매개로 자동차와 연결되어 있기 때문에 이 저항력은 자석 자체에 전달된다. 따라서 힘과 저항력은 서로 상쇄된다. 이러한 자동차를 직접 조립해 보면 쉽게 이해할 수 있다.

꿈의 자동차 직접 조립하기

필요한 재료는 단단한 상자, 강력한 자석 두 개, 빈 음료수 깡통 또는 둥근 연필 두 개, 막대기, 접착 테이프 등이다. 이 꿈의 자동차(최소한 구동 장치의 측면에서)는 상자의 앞면 끝 부분에 자석 한 개를 부착한 형태를 지닌다. 또 다른 자석은 막대기에 연결한다. 이 막대기를 상자 안에 집어넣는다. 이때 막대기에 연결된 자석이 다른 자석 앞에 놓이도록 해야

한다. 상자가 굴러갈 수 있도록 연필 또는 빈 음료수 깡통들을 그 밑에 깐다. 그러나 상자는 예상한 대로 굴러가지 않는다. 왜 그럴까? 이것은 실험을 단순화하여 두 개의 자석을 상자 앞이 아니라 상자 안에 부착해보면 더욱 명확해진다. 상자는 원래 어느 방향으로 가속되어

자동차를 자석의 힘으로 가속시키기

자동차를 자석의 힘으로 가속시키는 일이 원칙적으로 가능하다는 것은 70쪽 그림과 같이 자석을 부착한 막대기를 자동차 바깥을 향하게 하여 걸쳐놓으면 알 수 있다. 이 자석에 또 다른 자석을 자동차 앞에 갖다 대면 자동차는 움직이기 시작한다. 자석에 의해 움직이던 자동차는 어느 순간이 되면 저절로 굴러간다. 자동차의 반작용의 힘은 더 이상 막대기와 자석에 작용하지 않으며 전진 운동으로 나아간다. 물론 이것은 에너지 공급 없이 작동하는 가상의 자동차는 아니다. 손으로 그 자동차를 끌어당기기 때문이다.

영구 기관

외부에서의 에너지 공급 없이도 지속적으로 작동하는 기계를 의미하는 영구 기관에 대한 최초의 발상은 13세기의 기록에서 찾아볼 수 있다. 그 이후 이슬람 국가와 서구에서 영구 기관을 이용한 자동차에 관한 수많은 견해가 제시되었다. 그러나 뉴턴과 라이프니츠 이래로 영구 기관에 대한 질문은 끝이 났다. 즉 그러한 기계는 가능하지 않다.

야 할까? 그 어떤 방향도 아니다. 따라서 꿈의 자동차는 정지 상태(차고)에 머무른다.

영구 기관

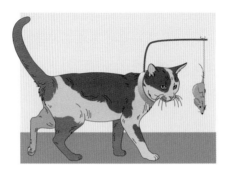

옆 그림은 영구 기관의 실현 가능성을 단적으로 보여준다.

이것은 심리학을 물리학적 법칙으로 완전하게 설명할 수 없음을 보여주는 증거이다.

당구에서의 운동량 보존

공연을 끝낸 거인들은 박수 갈채를 받은 다음 마지막으로 커다란 당구대와 어릿광대 서니를 무대로 옮겨놓는다. 어릿광대는 당구 선수에 어울리는 양복과 넥타이 차림을 하고 있다.

"신사 숙녀 여러분, 위대한 당구 선수 서니를 환영해주시기 바랍니다." 단장이 이렇게 외치는 사이에 어릿광대는 얀과 할아버지의 귀에서 흰색과 검은색의 당구공을 꺼낸다. 그는 당구공 두 개를 5cm 간격으로 당구대 위에 올려놓는다. 그는 과장된 몸짓으로 큐대를 잡는다. 처음에 일부러 실수를 하던 그는 마침내 하얀 당구공을 겨냥한다. 그는 하얀 당구공에 짧게 충격을 가하여 움직이게 한다. 이 당구공은 검은 당구공을 정확히 맞힌다. 충돌 후에 하얀 당구공은 그 자리에 멈추고 검은 당구공은 운동을 계속한다.

"방금 여러분은 탄성 충돌이 일어날 때 이른바 운동량 보존의 신통한 효력을 보셨습니다." 서커스 단장이 설명한다.

"뉴턴의 법칙에 따르면 외부의 힘이 작용하지 않을 때 물체들의 전체 운동량은 일정합니다. 여기에서는 하얀 당구공과 검은 당구공의 전체 운동량이 바로 그 경우입니다. 하얀 당구공은 자신이 받은 충격을 정지 상태의 검은 당구공에 전부 전달하고 자신은 완전히 정지 상태가 됩니다. 검은 당구공은 이전의 하얀 당구공과 똑같은 속도로 움직입니다. 당구대와의 마찰로 인해 전체적으로 약간 제동이 걸릴 뿐입니다."

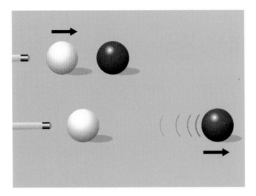

"이러한 충돌이 뭐가 특별하지?" 지루한 감이 들자 할아버지가 묻는다. "나는 이미 50년 전에 이것을 알고 있었거든."

하얀 당구공은 자신이 받은 충격을 검은 당구공에 전달하고 자신은 정지 상태가 된다.

"이러한 충돌이 뭐가 특별하지?" 지루한 감이 들자 할아버지가 묻는다. "나는 이미 50년 전에 이것을 알고 있었거든."

이 말을 들은 어릿광대는 할아버지를 무대로 올라오게 한다.

그 즉시 어릿광대는 할아버지의 귀에서 또 다른 당구공을 꺼내는 마술을 보여주었다. 그 당구공은 푸른색이다. 어릿광대는 세 개의 당구공을 일직선으로 당구대 위에 올려놓는다. 이때 검은 당구공과 푸른 당구공은 서로 붙어 있다. 할아버지는 하얀 당구공을 쳐서 검은 당구공을 맞힌다. 할아버지는 역시 훌륭한 실력을 지니고 있다. 당구공들이 서로 충돌한 뒤에는 어떤 일이 벌어질까?

그 결과를 살펴보면 푸른 당구공만이 이전에 하얀 당구공이 지녔던 속도로 움직이고, 나머지 당구공들은 충돌 후에 정지한다.

당구 묘기는 여러 개의 당구공을 일직선으로 촘촘히 늘어놓은 상태에서도 보여줄 수 있다. 하얀 당구공의 운동량은 물결 형태로 처음에서 마지막 당구공까지 짧은 시간 간격을 두고 차례로 전달된다. 마지막 당구공은 그 운동량을 아무런 방해도 받지 않고 운동으로 전환시키며 열에서 이탈한다.

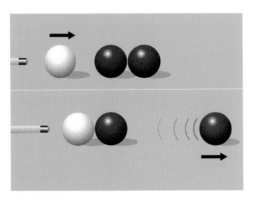

"이 묘기는 운동량 보존과 당구공들이 탄성 충돌을 한다는 사실에 근거를 두고 있습니다. 하얀 당구공과 검은 당구공이 충돌할 때 검은 당구공은 눈에 띄지 않을 만큼 약간 오

그라듭니다. 그 뒤에 그것은 탄력적인 진동 속에서 팽창하여 원래의 크기를 회복합니다. 이러한 짧은 시간 동안의 팽창을 통하여 검은 당구공은 푸른 당구공에 부딪혀 충격을 전달합니다. 이 푸른 당구공은 더 이상 부딪힐 당구공이 없기 때문에 충격을 운동으로 전환시킵니다." 단장이 이렇게 설명한다.

이러한 묘기는 간단하지 않다. 일직선으로 늘어선 당구공들을 정확히 맞혀야 하기 때문이다. 그렇지 않으면 당구공들은 일직선이 아니라 옆으로 달아난다. 할아버지도 이러한 원리를 알고 있음이 분명하다. 그는 관객들로부터 박수를 받으며 자기 자리로 돌아간다. 이러한 충돌 실험은 집에서 동전을 이용해 따라해볼 수 있다.

동전에서의 운동량 보존

10원짜리 동전 다섯 개를 일렬로 책상 위에 늘어놓는다. 이때 동전들은 서로 맞닿아 있어야 한다. 이 열을 향해 또 다른 동전을 손가락으로 힘차게 튕긴 다음 충돌 후에 무슨 일이 벌어지는지를 관찰한다. 그 결과를 살펴보면 열의 맨 끝에 있는 동전만 앞으로 튀어나가고 다른 동전들은 정지 상태에 있다는 것을 알 수 있다.

이것이 어떻게 가능할까? 동전은 탄력적인 금속과 합금으로 이루어져 있다. 열에서 맨 앞의 동전은 충격으로 인해 약간 오그라든다. 하지만 이것은 탄성 때문에 금방 늘어나며 순간적으로 원래보다 더 커진다. 이때 이 동전은 바로 앞의 동전과 충돌하면서 충격을 전달한다. 이러한 과정은

탄성 충돌

동전 하나를 책상 위에 올려놓는다. 이 동전을 향해 똑같은 크기의 두 번째 동전을 손가락으로 튕긴다. 동전들이 서로 충돌한 뒤에 어떤 일이 벌어질까? 두 번째 동전은 완전히 정지 상태에 있다. 반면에 지금까지 정지 상태에 있던 동전은 앞으로 튀어나간다. 그 속도는 손가락으로 튕긴 동전의 속도와 같다.

운동량 보존 법칙

물체들이 하나의 구조를 이룬 상태에서 전체 운동량은 외부의 힘이 작용하지 않는 한 일정하다. 역학에 관한 이 중요한 법칙은 뉴턴의 제2법칙과 제3법칙에서 이끌어낼 수 있다. 주어진 물리계 내에서 물체들 사이에 작용하는 모든 힘은 내적인 힘으로 표시된다. 이러한 내적인 힘들의 전체 크기는 가능한 모든 물체쌍들 사이에 관여하는 힘들의 합계다.

작용-반작용의 법칙(뉴턴의 제3법칙)에서 밝혀졌듯이 두 개의 물체 사이에 존재하는 모든 힘을 고려할 때 작용의 힘은 반작용의 힘과 똑같다. 따라서 두 물체 사이의 공동 힘들은 똑같이 0이다. 따라서 내적인 힘들의 합 역시 0이다. 뉴턴의 제2법칙에서 살펴보았듯이 물체에 가해지는 모든 개별적인 힘은 운동량의 변화를 가져온다. 어떤 물체의 운동량이 질량×속도라면 모든 내적인 힘의 전체 크기는 그 대상들의 전체 운동량의 변화와 똑같다. 앞에서 이미 내적인 힘들의 전체 크기가 0이라고 했으므로 운동량 보존 법칙은 증명되었다고 할 수 있다. 즉 하나의 물리계 내에서의 전체 운동량은 외부의 힘이 없는 경우에는 항상 일정하다.

팽창의 물결이 마지막 동전에 도달할 때까지 계속 반복된다. 마지막 동전은 앞에 더 이상 방해물이 없기 때문에 운동을 시작한다.

운동량 보존 법칙에 의하여 이 동전은 손가락으로 튕긴 동전과 똑같은 속도로 운동한다.

껌 묘기

"저는 아저씨의 공연이 들어맞지 않는 간단한 묘기를 알고 있어요." 얀이 어릿광대를 향해 큰 소리로 말한다. 단장은 조용히 한숨을 쉰다. 공연이 엉망이 되고 마는 것은 아닐까? 그럼에도 불구하고 그는 얀을 무대로 불러올려 그가 묘기를 선보일 기회를 마련해준다.

얀은 검은 당구공을 당구대 위에 올려놓고 껌을 당구공에 붙인다. 그 다음에 그는 하얀 공을 쳐서 검은 공에 맞힌다. 충돌할 때 충격 때문에 껌은 약간 오그라든다. 하얀 공과 검은 공은 함께 굴러간다. 이것은 이전과 똑같은 실험이다. 그런데 결과는 완전히 다르다. 즉 두 공은 부딪힌 자리에서 벗어나 똑같은 속도로 함께 운동한다.

어릿광대는 곤혹스러운 표정으로 머리를 흔들더니 단장을 쳐다본다. 단장은 자기 휘하의 사람이 어찌할 바를 몰라하는 그러한 순간들을 좋아한다.

예상치 못한 결과에 모두 깜짝 놀랐지만 단장은 해답을 알고 있다.

"네 말이 맞다, 얀. 충격은 똑같지만 결과는 완전히 다르구나. 이것은 충돌의 종류와 관계가 있단다. 충돌 에너지의 일부는 껌을 지속적으로 변형시키는 데 소모된단다. 대상을 지속적으로 변화시키는 충돌을 비탄성 충돌이라고 하지. 바로 이것이 첫 번째 공연과의 차이란다."

이것은 뉴턴에게 잘못이 있다는 뜻은 아니다. 운동량 보존은 여전히 유효하다. 충돌 후에 두 공(그리고 껌)의 속도는 그 이전 하얀 공의 속도와 비교해 절반 정도이기 때문이다. 그러나 이 실험은 운동량 보존 법칙이 모든 종류의 충돌을 설명하기에는 충분치 않다는 사실을 보여준다.

충돌로 인한 에너지 손실

도끼를 높이 들수록 나무는 더 깊이 쪼개진다. 멀리뛰기 선수는 빨리 달릴수록 더 멀리 뛴다. 탄성 충돌이냐, 비탄성 충돌이냐에 따라 다르지만, 충돌 대상을 오그라들게 만드는 방식에는 에너지가 많이 소모된다. 따라서 충돌 후 운동에너지는 그만큼 줄어든다.

결정적인 두 번째의 보존 크기는 대상들의 에너지이다. 에너지는 작업을 수행하는 힘 또는 운동의 능력이다. 이것은 집에서도 실험해 볼 수 있다.

또 다른 동전 묘기들

1. 비탄성 충돌

동전 테두리에 접착제를 약간 바른다. 이때 접착제가 바닥에 닿지 않도록 주의해야 한다. 접착제를 바른 부분을 겨냥하여 두 번째 동전을 손가락으로 튕긴다. 충돌 후 두 동전은 똑같이 절반의 속도로 함께 운동한다.

충돌 후 두 동전은 같은 속도로 운동한다.

에너지는 속도의 제곱 형태로 나타나므로 충돌 후에는 그 이전보다 훨씬 줄어든다. 줄어든 에너지는 접착제를 압착하는 데 사용되었다.

2. 정교한 충돌

10원짜리 동전 다섯 개를 일렬로 촘촘히 늘어놓는다. 이번에는 또 다른 동전 두 개를 이 열을 향해 동시에 손가락으로 튕긴다. 이때도 신기한 일이 일어난다. 맞은편 끝의 두 동전이 똑같은 속도로 튀어나가고 충격을 가한 두 동전은 열에 조용히 합류하는 것이다. 이 결과를 어떻게 설명할 수 있을까? 탄력적인 팽창 물결 대신에 두 동전이 잇달아 직접 동전의 열

이 실험에서는 끝의 두 동전이 튀어나간다.

에 부딪혀서 맞은편 끝의 두 동전을 동시에 밀어낸다.

똑같은 질량을 지닌 세 개의 동전을 손가락으로 튕길 경우 맞은편 끝에 위치한 세 동전이 밖으로 튀어나간다.

이 실험에서는 심지어 열을 지은 동전의 수보다 더 많은 동전을 손가락으로 튕길 때에도 마찬가지 결과를 얻는다. 이 신통한 묘기는 예를 들어 동전 하나를 놓고 또 다른 동전 두 개를 동시에 튕길 경우에도 성공한다. 이 결과를 어떻게 설명할 수 있을까?

두 개의 동전은 충돌 후에 똑같은 속도로 튀어나간다. 정지 상태의 동전에 부딪힌 두 동전 중 앞에 있는 동전만이 충격을 전달하며 충돌 속도를 유지한다. 반면에 그 뒤의 동전은 정지 상태가 된다.

다음 실험에서 동전은 또 다른 동전이 아니라 벽과 부딪힌다. 이때 무슨 일이 일어날까?

동전은 충돌 후에 이전과 똑같은 속도로 벽에서 튕겨나온다. 반면에 벽은 아무런 운동도 하지 않는다. 여기에 다시 에너지 및 운동량 보존 법칙이 적용된다.

무게가 서로 다른 동전 두 개를 이용한 다음과 같은 실험은 매우 인상적이다. 벽을 향해 두 동전을 손가락으로 힘차게 튕긴다. 이때 무거운 동전이 벽에 먼저 부딪히게 한다. 그 결과는 두 동전의 에너지 및 운동량 보존 법칙과 일치한다.

동전의 무게 차이가 클수록 가벼운 동전이

단순 비례 형태와 제곱 형태

이 모든 묘기와 관련하여 동전이 밖으로 튀어나가는 현상에서 자연은 왜 소모적일까 하는 의문이 생긴다. 손가락으로 튕기는 동전이 여러 개일 경우 단독으로 서 있는 동전은 왜 더 빨리 달아나지 않는 것일까? 운동량 이외에 에너지도 충돌 이전과 이후에 보존되고 있음이 분명하다. 이것을 이해하려면 운동할 때 에너지와 운동량의 관계를 정확히 알아야 한다. 운동량은 동전의 속도에 단순 비례하는 반면에 에너지는 그 속도의 제곱이 된다. 따라서 운동량 보존 법칙은 단독으로 서 있는 동전은 두 개의 동전과 부딪힌 후 두 배의 속도로 달아나는 것을 허용하는 것처럼 보인다. 그러나 이 부분의 에너지는 속도의 제곱이 되기 때문에 달아나는 동전의 에너지는 손가락으로 튕긴 두 동전의 전체 에너지보다 약간 더 높다고 할 수 있다. 동전을 이용한 충돌 실험은 두 개의 복잡한 방정식, 즉 운동량과 에너지에 관한 방정식을 자동으로 풀어주는 일종의 전자 계산기와 같다.

에너지 보존의 법칙

물체들이 하나의 구조를 이룬 상태에서 전체 에너지는 외부의 힘이 작용하지 않는 한 일정하다.

어떤 물체의 에너지는 작업을 수행하는 능력이다. 이 능력은 예를 들어 물체가 빨리 움직이거나 높은 곳에 위치할수록 더 높다. 전체 에너지는 개별적인 물체들의 모든 에너지를 합한 것이다.

더 강하게 튕겨나온다. 심지어는 이 동전이 최종적으로 도달한 지점이 벽을 기준으로 할 때 최초의 출발점보다 더 멀리 튕겨나올 가능성마저 있다.

튀어오르는 공

어릿광대가 당구공 하나를 집어든다. 그리고 마술을 부려 단장의 귀에서 꺼낸 탁구공을 당구공 바로 위에 올려놓는다.

바닥에서 위로 튀어오른 공은 더 이상 원래의 높이에 도달하지 못한다는 것은 널리 알려진 사실이다. 가령 바닥에 떨어진 테니스공이 다시 튀어오를 때의 높이는 원래 높이의 절반밖에 되지 않는다.

물론 슈퍼볼이라고 일컫는 특수 고무공은 원래 높이의 90%까지 튀어오른다. 그러나 이것은 어릿광대가 이제 시작하려는 공연과는 아무 관계가 없다. 그는 당구공이 탁구공을 인 형태로 두 공을 동시에 당구대 위에 떨어뜨린다. 놀랍게도 탁구공은 원래 높이보다 더 높이 튀어오른다.

"이 작은 공이 이룩한 거대한 성과는 어떻게 가능할까요?" 단장이 의기양양한 표정으로 관객들을 향해 질문한다. 아무도 대답을 못하자 단장이 설명하기 시작한다. "탁구공의 높이는 두 공의 질량과 성질에 좌우됩니다. 공이 무겁고 탄력적일수록 더 많은 에너지와 충격을 지닙니다. 밑의 공이 그러한 상태일 때 그 공은 바닥에서 튀어오른 후 더 가벼운 위의 공과 충돌합니다. 최상의 조건일 때 밑의 공은 자신의 전체 에너지와 충격을 위의 공에 전달합니다. 충돌 후 위의 공은 낙하할 때보다 세 배의 속도로 튀어오릅니다. 이론적으로 이 공은 원래 높이보다 아홉 배나 더 높은 위치에 도달할 수 있습니다. 이것은 물론 충돌이 완전히 탄력적이고 중앙에서 일어날 때나 가능합니다. 재질이 고무인 공이 당연히 제일 높이 올라갑니다. 어릿광대 서니의 환상적인 공연을 감상해보십시오."

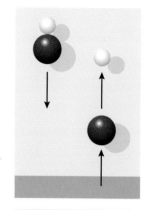

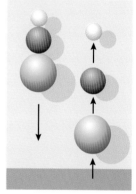

작은 탁구공은 최초의 높이보다 50배 높이까지 도달할 수 있다.

어릿광대는 그 사이에 크기가 다른 플라스틱 공 두 개를 촛농으로 맞붙였다. 그는 당구대 위로 올라가서 이 공 두 개를 3m 높이에서 무대의 딱딱한 나무 바닥에 떨어뜨린다. 실제로 작은 공은 높이 튀어올라 서커스장 천장 바로 밑에서 방향을 바꾼다. 이와 달리 큰 공은 바닥에 정지 상태로 놓여 있다.

"이 실험은 물론 집에서도 따라해볼 수 있습니다. 그러나 집안의 가구를 망가뜨리지 않도록 조심하십시오. 특히 전등, 꽃병, 창문 등이 깨지지 않도록 말입니다." 단장이 이렇게 당부한다.

어릿광대는 또 다른 묘기를 보여주기 위해 다시 당구대 위로 올라간다. 이번에 그는 무게가 서로 다른 공 세 개를 준비하여 무게가 무거운 순서대로 포개놓는다.

어릿광대는 한 묶음이 된 이 공들을 나무 바닥 위에 떨어뜨린다. 탁구공은 믿기 어려울 정도로 높이 튀어오르더니 서커스장 천장에 닿는다. 운동량 및 에너지 보존 법칙에 따르면 작은 공은 최초의 높이보다 50배나 높은 위치에 도달할 수 있다.

작은 공의 묘기에 박수 갈채를 받으며 어릿광대는 다시 한 번 당구대 쪽으로 돌아온다.

"여기를 봐주십시오. 여러분은 이제 에너지 및 운동량 보존이 일상생활에 미치는 중요한 영향을 관찰할 것입니다." 단장이 당구대에서 벌어지는 마지막 공연을 예고한다. "최소한 서니와 같은 프로 당구선수의 일상 생활에 미치는 영향……."

완벽한 충돌

어릿광대는 아래 그림과 같은 상황에서 검은 공을 당구대의 구멍 속에 집어넣으려고 한다. 그가 이것을 성공해야 경기가 끝난다.

서커스 단장의 말이 계속 이어진다. "정상적인 경우라면 하얀 공은 검은 공을 맞혀 구멍 속에 집어넣는 동시에 자신은 다른 구멍 속으로 들어갑니다. 서니를 위해 정숙해주실 것을 부탁드립니다."

서니는 실제로 검은 공의 옆면을 정확히 맞혀 구멍 속으로 집어넣는다. 하얀 공은 다른 구멍 속으로 사라진다.

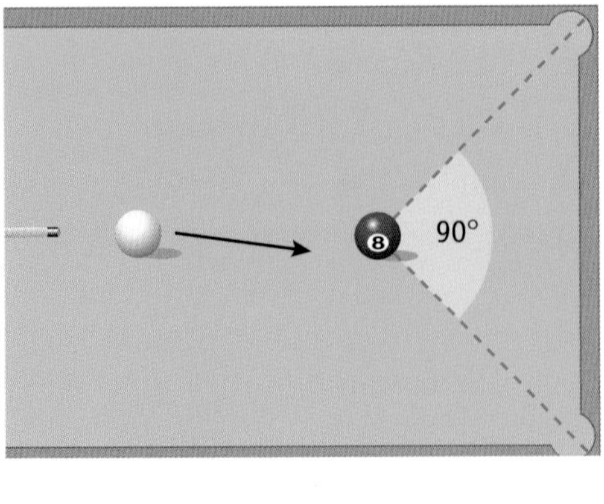

"이른바 스크래치는 탄성 충돌이 일어날 때의 에너지 및 운동량 보존의 결합 때문에 생깁니다. 하얀 공은 검은 공의 한가운데가 아

당구 경기에서 하얀 공과 검은 공이 동시에 구멍 속으로 굴러들어가는 스크래치가 발생할 수 있다.

니라 옆면을 비스듬히 맞힙니다. 이와 같은 충돌 후 두 공이 그리는 궤적은 정확히 90°의 각도를 이룹니다. 이것은 물론 회전 운동과 당구대의 마찰이 없는 상태와 함께 에너지 손실이 없는 완벽한 충돌에서만 가능합니다."

이 묘기는 집에서 동전을 가지고 실험해볼 수 있다.

스크래치
대부분의 나라에서는 당구 경기에서 검은 공과 하얀 공을 함께 구멍 속에 집어넣으면 경기에서 지게 된다. 영어권 나라에서는 이것을 스크래치라고 부른다.

에너지와 운동량을 이용한 동전 묘기

묘기를 시작하기 전에 먼저 책상 표면을 젖은 수건으로 약간 축축하게 만드는 것이 좋다. 그 다음에 10원짜리 동전을 손가락으로 강하게 튕겨서 또 다른 동전의 옆부분에(중앙이 아니다) 맞힌다. 충돌 후 두 동전은 이상적인 경우에 90° 각도로 흩어진다. 두 동전의 흔적은 책상 표면에 드러나는 물길로 확인할 수 있다.

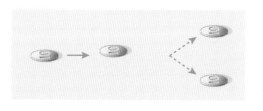

두 동전은 정확히 직각으로 흩어진다.

충돌할 때의 속도나 각도와는 무관하게 나타나는 이 직각은 삼각자로 측정할 수 있다.

이 실험은 둥근 형태의 얼음 조각들을 이용하면 더욱 명료해진다. 책상 표면의 마찰이 현저하게 줄어들기 때문이다.

"물론 노련한 당구 선수들은 두 당구공이 충돌한 후에 직각으로 흩어진다는 사실을 알고 있습니다. 이것을 방지하기 위해 그들은 하얀 공에 회전을 줍니다. 보통 이것을 하얀 공에 스핀을 넣는다고 말합니다. 스핀은 큐대가 하얀 공의 중앙이 아니라 옆을 맞힐 때 일어납니다. 공이 회전할 때 생기는 회전 에너지는 물론 다른 공에 전달됩니다. 따라서 경험이 많은 당구 선수들은 어려운 상황에서도 검은 공만 구멍 속에 집어넣을 수 있습니다."

이와 함께 이야기는 전부 끝난다. 어릿광대는(그는 실직한 물리학자로서 서커스 단원이 되기 전에 당구 경기를 통해 생활비를 벌었다) 다시 한 번 묘기를 보여준다. 이번에 그는 하얀 공에 약간의 회전을 준다. 검은 공은 구멍 속으로 들어가고 하얀 공은 당구대 위에 멈춰선다.

어릿광대는 관객들에게 인사를 한 다음 당구 선수용 웃옷을 재빨리 벗는다.

원을 돌며 춤추는 코끼리

서커스 단원들이 당구대를 치우는 동안 어릿광대는 객석의 맨 앞줄에 앉아 있는 어떤 관객을 향해 똑바로 달려간다. 그는 무대와 객석 사이의 난간을 무너뜨릴 기세로 속력을 낸다. 결국 맨 앞줄의 관객이 제때에 그를 옆으로 밀친다. 어릿광대는 난간을 따라 미끄러진다. 원형의 난간은 무대 주위에 설치되어 있으며 관객들은 바로 그 뒤에 앉아 있다. 어릿광대는 다시 이전과 똑같은 속도로 똑바로 달린다. 단지 방향만 바뀌었을 뿐이다. 그가 난간에 가까워지자 서커스 진행요원으로 보이는 누군가가 그를 옆으로 밀친다. 이러한 과정이 계속 반복된다. 그때마다 어릿광대는 원형 운동을 한다. 이것이 여기에서 다룰 주제이다.

정보상자

구심력

구심력은 '중앙을 찾는다' 는 라틴어에서 유래한 말로 물체의 관성에 대항하기 위한 원 운동을 가리킨다. 구심력의 방향은 회전하는 물체의 순간적인 운동 방향과 수직을 이루며 회전축의 방향으로 나아간다. 따라서 운동의 방향만 바뀔 뿐, 속도는 변하지 않는다. 구심력은 회전 운동의 원인이다. 이와는 반대로 원심력은 회전의 결과(반작용의 힘)이다.

방향의 변화
구심력('중앙' 과 '끌어당기다' 라는 의미의 라틴어 'centrum' 과 'petere' 에서 유래)은 원을 그리며 도는 물체의 방향만 바꿀 뿐, 속도는 변화시키지 않는다.

원형 운동에서 힘의 영향

"신사 숙녀 여러분, 원 운동의 나라에 오신 것을 진심으로 환영합니다. 어릿광대의 행동을 주의 깊게 관찰하셨다면 여러분은 벌써 원 운동에 관해 많은 것을 배웠다고 할 수 있습니다. 물체나 사람이 원 운동을 하기 위해서는 측면에 가해지는 힘이 필요합니다. 방금 어릿광대가 이것을 시범해 보였습니다. 이 힘이 지속적일수록 궤도는 더 둥근 모양을 지니게 됩니다. 물체를 원 운동하게 만드는 이 힘이 구심력입니다."

언제나 그렇듯이 단장은 실험에 들어가기에 앞서 그 원리를 설명한다. 그 사이에 한 무리의 코끼리가 무대로 걸어나온다. 그들은 커

다란 원을 그리며 무대를 돈다. 이때 모든 코끼리는 앞서가는 코끼리의 꼬리를 코로 붙잡고 있다.

단장의 말이 계속 이어진다. "코끼리들도 원 운동을 가능케 하는 구심력을 만들어내고 있습니다. 이 힘은 발과 바닥 사이의 접촉에 의해 생성됩니다. 코끼리의 발은 측면으로부터 바깥 방향으로 바닥을 누릅니다. 바닥의 저항력이 바로 원 운동에 필요한 구심력입니다. 이 힘은 결코 작지 않습니다."

바닥에 의한 구심력은 바닥이 단단하지 않으면 훨씬 작아진다.

양동이의 물은 왜 쏟아지지 않을까

서커스 단장이 설명을 계속한다. "몸집이 가장 큰 점보를 특히 조심하십시오. 점보는 여러분에게 아슬아슬한 회전 운동을 선보일 것입니다. 혹시라도 물벼락을 맞지 않기를 바랍니다."

그 코끼리는 물을 가득 채운 양동이를 코로 붙잡고 있다. 코끼리는 벌써 양동이를 돌리기 시작한다. 코끼리는 양동이의 손잡이를 코로 감아쥐고 양동이에 구심력을 가한다. 코끼리는 자신의 코를 축으로 하여 양동이를 돌리지만 물은 한 방울도 밖으로 튀어나오지 않는다. 코끼리는 심지어 양동이가 거꾸로 매달린 상태에서 한순간 정지한 것처럼 보일 정도의 묘기를 보여준다. 역시 양동이 안의 물은 흘러내리지 않는다.

"이 대단한 광경은 이른바 원심력으로 설명할 수 있습니다. 원심력은 모든 느슨한 물체들을 회전축으로부터 바깥 방향으로 압박합니다. 따라서 물은 양동이의 바닥을 향해 몰립니다. 이와 마찬가지로 세탁기의 탈수 과정에서도 축축한 세탁물은 회전 드럼의 바깥 언저리로 몰립니다. 이때 물이 구멍을 통해 외부로 빠져나감으로써 탈수가 되는 것입니다."

"원심력은 자동차가 달릴 때에도 작용합니다. 예를 들어 자동차가 왼쪽으로 돌 때 뒷좌석의 승객은 오른쪽으로 몸이 쏠리게 됩니다. 굴곡이 심할수록 그 효과도 커집니다. 심지어 나사(NASA)는 미래

이 실험에서 물이 쏟아지지 않는 까닭은 물을 양동이 바닥에 몰리게 만드는 원심력 때문이다.

원심력

원심력('중앙'과 '달아난다'라는 의미의 라틴어 'centrum'과 'fugare'에서 유래)은 유원지의 놀이기구가 손님을 태운 채 거꾸로 달릴 때 손님의 안전을 지켜주며, 회전그네가 돌 때 바깥 방향으로 흔들리게 한다. 원심력은 자동차 도로의 굴곡 부분에서도 작용한다.

의 우주선에 원심력을 적용하려는 계획을 세우고 있습니다. 우주는 무중력 상태이기 때문에 미래의 우주선을 천천히 원 운동하도록 만드는 계획이 추진되고 있는 것입니다. 여기에서 생성되는 원심력의 크기는 우주선의 회전 속도를 조절함으로써 미리 정할 수 있습니다. 원심력이 지구의 중력과 같은 크기가 되도록 회전 속도를 조절하면 우주선 거주자들은 최소한 이 점에 있어서는 지구와 비슷한 환경을 누릴 수 있습니다. 여기에는 교통 체증이나 이웃과의 관계에서 일어나는 짜증스러운 일은 없지만, 장미의 향기나 새들의 노랫소리도 찾아볼 수 없습니다." 단장이 말을 계속한다.

"원심력을 이용한 또 다른 흥미로운 기술이 최근에 특허를 받았습니다. 그것은 수술대의 느린 회전 운동을 통하여 출산을 돕는 방법입니다. 이 방법을 이용하면 아기는 어머니의 자궁에서 부드럽게 빠져나옵니다. 이러한 응용 이외에도 회전 운동과 관련한 묘기는 집에서 얼마든지 따라해볼 수 있습니다."

회전을 이용한 묘기

코끼리의 묘기
정원용 양동이나 꿀통 또는 우유통에 물을 채운 다음 커다란 원 모양으로 돌린다.

원심력을 이용한 예술
원심력의 원리를 보여주는 기구로 낡은 전축을 활용할 수 있다. 이러한 전축은 이제 낡은 물건을 쌓아놓는 지하실에서나 발견할 수 있을 테지만 오래된 물건도 간직하고 있으면 언젠가는 쓰일 때가 있다.

예술가가 되기 위해서는 가위, 딱딱한 판지, 종이(압지), 물감이나 잉크가 필요하다.

때때로 그렇듯이 예술에서 그 결과는 미리 짐작하기 어렵다. 따라서 걸레와 물을 충분히 준비하고 압지는 안전한 곳에 놓아두어야 한다.

1단계
판지를 음반 크기로 동그랗게 오려낸다.

2단계
이것을 턴테이블 위에 올려놓고 가운데에 그림을 그린 다음 전축을 작동시킨다. 원심력이 물감을 바깥 방향으로 몰아낸다. 그 결과 가장자리가 들쭉날쭉한 흥미로운 그림이 생겨난다.

3단계
다양한 색과 회전 속도를 이용하면 그림에 소질이 없는 사람도 예술가가 될 수 있다. 전축의 자동 회전 속도가 느린 경우에는 턴테이블을 공회전시킨 뒤 손으로 회전수를 늘린다.

원심력과 과학
전축과 판지를 이용한 또 다른 실험을 소개하고자 한다. 이 실험에는 이밖에도 서너 개의 접착제, 노끈, 종이나 스티로폼으로 만든 공 여러 개가 필요하다.

턴테이블 위의 탁구공

전체적인 관계는 탁구공 서너 개를 이용하여 간단하게 알 수 있다. 서너 개의 탁구공을 턴테이블 위에 아무렇게나 올려놓는다. 그 다음에 턴테이블을 손으로 조심스럽게 돌린다. 탁구공은 어떻게 될까? 처음에는 바깥쪽에 위치한 탁구공이 흔들리기 시작한다. 이 공에 대한 원심력이 가장 크기 때문이다. 여기에서도 물체가 바깥쪽에 있을수록 원심력은 더 커진다. 회전 속도가 빨라지면 안쪽에 위치한 공들도 흔들리기 시작한다.

1단계

판지의 밑에서 군데군데 여러 개의 못을 꽂은 다음 접착제로 고정시킨다.

2단계

이 판지를 턴테이블 위에 올려놓는다. 이때 못이 위를 향하도록 한다. 못의 개수만큼 3cm 정도의 노끈을 준비한다. 노끈의 한쪽 끝에 종이나 스티로폼으로 만든 작은 공을 매단다. 노끈의 다른 쪽 끝은 못 머리에 매단다. 전축이 멎은 상태에서는 노끈과 공은 턴테이블과 수직으로 매달려 있다.

전축을 작동시키면 무슨 일이 벌어질까

모든 공들은 원심력으로 인하여 밖으로 달아나려고 하면서 원래의 수직 상태와는 반대로 움직인다. 자세히 관찰해보면 못이 턴테이블의 중심에서 멀리 떨어져 있을수록 공은 밖으로 더 멀리 튀어나가려 한다는 사실을 알 수 있다. 원심력은 중앙에서 멀수록 증가한다.

이 실험을 통해 원심력은 회전 속도에 좌우된다는 것을 관찰할 수 있다. 턴테이블을 공회전시키면서 손을 사용하여 회전 운동이 더 빨리 일어나도록 해본

공들은 바깥쪽에 위치할수록 불안정하다.

다. 공들은 원래의 정지 상태에서 벗어나 흔들리기 시작한다. 턴테이블의 마찰로 인해 시간이 지나면 회전 운동에 제동이 걸린다. 이와 함께 공들의 흔들림은 잦아든다. 이것은 원심력의 크기가 회전 속도에 달려 있다는 증거이다.

바지 단추를 위한 승강기

이 실험에 필요한 재료는 실패, 실, 바지 단추 두 개이다.

1단계

실패 중앙의 구멍에 실을 집어넣은 다음 실의 양끝에 바지 단추를 연결한다. 실패를 수직으로 세우고 그것을 축으로 하여 돌린다. 이때 실패 상단부의 바지 단추도 회전 운동을 한다. 이 단추의 구심력은 하단부에 매달려 있는 또 다른 단추의 무게로 인하여 소모된다.

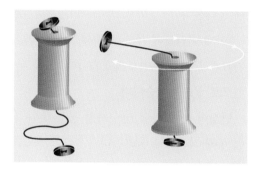

상단부의 단추는 실패 위로 회전하며 하단부의 단추를 끌어당긴다.

2단계

실패와 단추가 빨리 회전할수록 원심력은 더 강해진다. 이것은 회전 속도가 증가하면서 하단부의 단추가 점점 더 위로 끌어당겨지는 것을 통해 알 수 있다. 따라서 원심력은 물체를 끌어당기는 데 이용할 수 있다.

회전할 때의 관성력
회전하는 구조 내에는 원심력 이외에도 '코리올리힘' 이라 불리는 관성력이 존재한다.

유리병이 빨리 회전하면 구슬도 움직이기 시작한다. 원심력이 이것을 가능케 한다.

내기

구슬에 손을 대지 않고 유리병 속에 든 구슬을 들어올릴 수 있을까? 먼저 유리병 속에 구슬을 넣고 뚜껑을 닫는다. 유리병을 회전 운동시킴으로써 구슬도 회전하게 만든다. 원심력으로 인해 구슬은 유리벽에 달라붙고 아무 문제없이 위로 올라간다. 유리병을 계속 회전시킬 때에는 심지어 이것을 비스듬히 들고 있어도 괜찮다. 유리병의 좁은 뚜껑 부분이 구슬이 밖으로 튀어나가는 것을 방지하기 때문이다.

코리올리힘

보조요원들이 무대에 회전 가능한 둥근 철판을 설치하였다. 이 철판 위에는 하얀 천이 깔려 있다. 단장과 어릿광대가 서로 마주보는 지점에 올라선다.

"이제 여러분께 우리 모두와 주변 세계에 중요한 영향력을 미치는 기묘한 묘기를 보여드리겠습니다. 이를 위해 먼저 이 볼링공을 맞은편으로 굴려보겠습니다."

단장이 마치 볼링 선수처럼 공을 하얀 천 위에 올려놓자 어릿광대를 향해 직선으로 굴러간다.

"물론 아직까지는 특별한 게 없습니다. 공의 궤적을 표시하기 위해 공에 빨간 잉크를 칠했습니다. 따라서 하얀 천 위에 직선이 그려졌습니다. 그러나 이제부터는 주의를 기울여주시기 바랍니다. 코끼리들이 시범을 보일 것입니다."

코끼리들이 철판 주위를 돌면서 단장과 어릿광대가 올라서 있는 철판을 코로 회전시킨다.

"먼저와 마찬가지 방법으로 볼링공을 굴려보겠습니다. 이번에는 공에다가 파란 잉크를 칠했습니다."

코리올리힘의 의미
코리올리힘은 프랑스의 수학자 구스타브 가스파르 드 코리올리의 이름에서 유래한 것이다. 이것은 우리 주변에서 중요한 의미를 지니며 날씨에도 영향을 미친다. 우리가 사는 지구도 회전하기 때문이다.

원심력

뉴턴의 관성의 법칙에 따르면 물체는 외부의 힘이 주어지지 않는
한 똑같은 속도를 유지하면서 직선 운동한다. 이러한 운동에서는
코끼리가 코로 붙잡고 돌리는 물 양동이처럼 회전하거나 또는 굴
곡이 생기지 않는다. 회전 운동할 때 생기는 그러한 관성력이 원심
력이다. 회전하는 물체는 구심력과 똑같은 크기이지만 반대 방향
으로 작용하는 원심력을 지닌다. 이를 통해 원 운동은 일종의 균형
을 유지한다. 한 가지 명심할 것은 원심력이 실제로 존재하는 힘이
아니라, 편의상 도입된 가상의 힘이라는 점이다. 보는 시각에 따라
그것이 느껴지는가의 여부가 결정되기 때문이다. 회전하는 물체를
정지된 위치의 외부에서 관찰하면, 이 힘은 X라는 임의의 힘에 대
해 완전히 정상적인 관성처럼 보인다. 회전하는 물체의 내부에서
이러한 관성은 비로소 원심력의 형태로 나타난다. 이때 모든 것이
중심으로부터 달아나려는 듯한 인상을 준다.

단장이 다시 한 번 어릿광대 쪽
으로 볼링공을 굴린다. 천 위에 푸
른 궤적이 나타난다. 공의 궤적은
외부에서 관찰할 때 직선으로 보였
으나 공이 도달한 지점은 목표에서
많이 벗어나 있다. 코끼리들이 철
판 돌리기를 멈추자 천 위에 나타
난 푸른 궤적은 이제 더 이상 직선

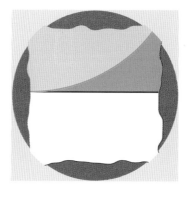

구스타브 가스파르 드 코리올리

(1792~1843)

자신의 이름을 딴 코리올리힘을 발견한 그는 파리에서 출생하여 그곳에서 사망했다. 코리올리힘을 다룬 수학 논문을 그는 파리의 에콜 폴리테크니크의 조교수로 재직 중이던 1835년에 출판했다.

그는 추가적인 힘(코리올리힘)이 운동에 주어질 때, 기존의 운동 법칙들이 회전하는 구조물에도 적용된다는 것을 처음으로 발견했다. 코리올리힘은 회전 속도에 좌우되며 다른 힘들에 비해 일반적으로 그다지 크지 않다. 그러나 그것은 우리의 삶에 지대한 영향을 미친다. 예를 들어 코리올리힘은 날씨에 영향을 미치는 주요인이다. 코리올리는 이밖에도 일과 운동에너지 같은 개념들을 물리학에 도입했다. 또한 그는 당구 경기의 수학적 이론에 관한 논문을 출판했다. 그는 스크래치를 피하는 방법을 확실하게 알고 있었다.

으로 보이지 않는다.

공은 눈에 보이지 않는 마법의 힘에 의해 빗나간 것처럼 보인다. 이 힘이 바로 회전 운동할 때 생기는 관성력이며, 이른바 코리올리힘이다. 이러한 마법의 힘은 집에서 전축을 이용하여 간단하게 따라해 볼 수 있다.

전축에서의 코리올리힘

다시 음반 모양의 판지를 턴테이블 위에 올려놓는다. 그 위에 투사지 또는 탄산지를 깔고 다시 그 위에 보통 종이를 깐다. 이것들은 맨

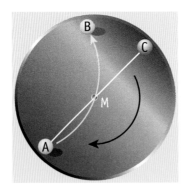

밑의 판지와 크기며 모양이 같아야 한다. 턴테이블이 정지한 상태에서 장난감 구슬은 한쪽 끝에서 다른 쪽 끝까지 직선으로 굴러간다. 그러나 이것은 턴테이블이 움직이자마자 변한다. 종이 위로 다시 한 번 구슬을 굴려보자. 구슬의 궤적은 외부에서 관찰할 때 직선으로 보인다. 그러나 종이 밑의 투사지에 나타난 흔적은 이와 다르다. 구슬은 원 운동으로 인하여 원래의 목표에서 훨씬 빗나간다. 이러한 방향 전환은 턴테이블이 빠르게 회전할수록 더욱 강해진다.

회전 운동에서의 관성력

코리올리힘은 회전 운동할 때 나타나는 제2의 관성력이다. 원심력의 경우에서와 마찬가지로 보는 시각에 따라 그것을 인지할 수 있는가의 여부가 결정된다. 여기에서도 회전하는 구조물의 외부에서 볼 때와 내부에서 볼 때 서로 다르다. 외부에서 관찰할 때는 물체가 직선 운동을 하는 것처럼 보인다. 그러나 회전하는 구조물의 내부에서 바라보면 운동하는 물체의 궤적은 회전 방향에서 빗나간다. 따라서 코리올리힘은 구조물의 내부에서 뚜렷이 느껴진다 할지라도 가상의 힘이다.

공중에 떠다니는 가방

"또 다른 공연이 시작됩니다." 단장이 이렇게 말한다. 어릿광대가 커다란 가방을 들고 무대로 걸어나온다. 그는 땀을 뻘뻘 흘리며 가방을 무대 한가운데에 세로로 세워놓는다.

"여행을 떠날 때면 나도 공항에서 늘 겪는 일이란다. 요즘 가방들은 너무 무거워." 할아버지가 얀에게 말한다. 할아버지는 실제로는 아직 비행기를 타본 적이 없으며 심지어는 여행 가방도 가지고 있지 않다. 그러나 그는 이렇게 말함으로써 얀에게 자신이 세계를 떠돌아다닌 사람이라는 인상을 주고 싶어한다. 하지만 얀은 어릿광대의 공연에서 더 깊은 인상을 받는다.

약간 기력을 회복한 어릿광대는 가방을 옆으로 돌려놓으려 한다.

그러나 성공하지 못한다. 코끼리 한 마리가 나와서 코로 도와줘도 소용이 없을 것 같다. 오히려 가방은 중력을 받아 수평으로 누울 태세다. 마치 가방이 스스로 생각하는 것처럼 보인다. 어릿광대는 간신히 가방을 구석으로 옮겨놓았다.

이제 무슨 일이 벌어질까?

가방은 세워놓자마자 마치 중력이 없는 것처럼 자신을 축으로 회전하기 시작한다. 이것이 어떻게 가능할까? 팽이를 이용한 실험이 이것을 설명해준다.

가방은 부자연스러운 상태로 놓여 있지만 바닥에 넘어지지 않는다. 그러기는커녕 가방은 갑자기 자신을 축으로 회전하기 시작한다. 마치 중력이 없는 것 같다.

"정말로 믿기 어려운 광경입니다. 가방은 한 모서리만으로 서 있지만 넘어지지 않습니다. 게다가 우리 눈앞에서 회전까지 하고 있습니다. 이런 상황이라면 누구나 화물 컨베이어 벨트 위에 있는 자신의 가방을 금방 찾아낼 수 있습니다. 물론 가방을 컨베이어 벨트에서 더 이상 끌어낼 수 없다는 문제가 남아 있습니다." 단장이 말한다.

실제로 이 원 운동은 매우 강력한 것처럼 보인다. 중지시키는 일이 간단하지 않기 때문이다.

단장이 설명을 계속한다. "방금 우리는 더 이상 바닥에 서 있지 않는 가방, 즉 공중에 떠다니는 가방을 개발했습니다. 이 마술은 나중에 마술사와 함께 다시 설명해드리도록 하겠습니다(2권 165쪽 이하)."

"먼저 이 가방의 비밀을 추적해보겠습니다. 그러기 위해서 가방을 열고 그 안에 무엇이 숨겨져 있는지 확인해보겠습니다."

단장이 어릿광대와 함께 가방을 연다. 거기에는 회전하는 자전거 바퀴 테가 들어 있다. 축이 가방 안의 서로 마주보는 양끝에 대각선으로 고정되어 있다.

이 가방의 비밀은 회전하는 자전거 바퀴 테에 있다.

"이게 전부예요? 저도 집에 가서 할아버지의 커다란 가방에 이것을 설치해야겠어요." 얀이 할아버지에게 말한다.

"처음에는 작은 것을 가지고 실험해보는 것이 좋겠어. 이를테면 집에 있는 팽이를 이용할 수 있겠지." 할아버지는 이렇게 말하고 내일 당장 가방을 사야겠다고 마음먹는다.

팽이의 놀라운 세계

거의 모든 가정에 팽이 하나쯤은 있을 것이다. 없을 경우에는 완구점에서 구입하거나 직접 만들 수도 있다. 간단한 팽이를 만드는 데는 나무로 만든 공이나 원뿔, 너비가 좁고 둥근 나무 막대기가 필요하다. 이것들은 수공용품을 파는 가게에서 구입하거나 직접 톱질하여 만들 수도 있다.

1단계
나무 공의 일부를 톱으로 켜서 평면을 만든다. 그 위나 또는 원뿔의 평면에 둥근 나무 막대기를 고정시켜야 한다.

2단계
평면의 한가운데에 나무 막대기가 들어갈 만한 작은 구멍을 뚫는다.

막대기를 그 안에 꽂고 접착시키면 팽이가 완성된다.

팽이의 나무 막대기를 엄지와 검지손가락으로 잡고 힘차게 돌린다. 공으로 만든 팽이는 회전 수가 많을 때 거꾸로 세울 수 있다는 점에서 원뿔형 팽이와 구별된다.

3단계

팽이를 힘차게 회전시킨다. 이것은 상점에서 파는 팽이의 경우 경사진 부분을 감는 끈에 의해 이루어진다. 이를 통해 회전 속도를 높일 수 있다. 팽이를 바닥이나 책상 위에 올려놓고 돌리면 정말 깜짝 놀

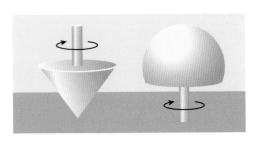

랄 만한 특성들을 관찰할 수 있다.

"회전하는 물체가 강한 관성, 즉 순간적인 회전을 계속 유지하려는 이른바 관성 모멘트

를 지니고 있다는 사실은 자전거 바퀴 테의 경우에서 살펴보았습니다." 서커스 단장이 설명한다.

관성 모멘트

팽이는 회전축의 방향과 회전을 스스로 안정시키기 위한 놀라울 정도의 관성을 지니고 있다. 이러한 관성을 관성 모멘트라 한다. 관성 모멘트는 회전하는 물체의 성질과 밀도 분포에 좌우되며 계산하기가 매우 복잡하다. 하지만 물체의 질량이 회전축에서 멀어질수록 관성 모멘트는 더 커진다는 원칙은 늘 유효하다.

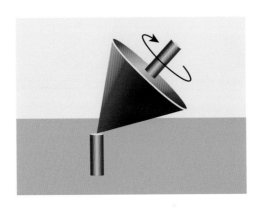

앞에서 관찰했듯이 팽이의 이른바 각운동량은 관성 모멘트와 회전 속도가 빠를수록 더욱 높아진다. 이 모든 것은 정상적인 직선 운동에 작용하는 운동량과 똑같은 이치이다.

물체의 각운동량은 외부의 힘이 가해지지 않을 때 앞의 경우와 마찬가지로 보존된다.

토크

단장이 설명을 계속한다. "회전과 각운동량을 보존하려는 팽이의 이러한 성질은 비행기·선박·인공 위성 등의 항해에 활용됩니다. 팽이는 차량이 그 밑에서 회전한다 할지라도 자신의 회전축을 정확히 유지하기 때문에 한 방향을 가리킵니다. 그럼으로써 지구 또는 우주에서 순간적인 위치를 잡을 수 있습니다."

"팽이의 높은 안정성은 우리의 일상 생활에서도 자주 활용됩니다. 자전거를 탈 때 비스듬히 기운 자세는 바퀴의 회전으로 안정을 유지합니다."

"회전에 의한 안정의 효과는 원반 던지기에서도 관찰할 수 있습니다. 원반에 회전을 주지 않고 던지면 그것은 공기 마찰로 인해 몇 미터 앞에 떨어지고 맙니다. 반대로 원반에 강한 회전을 가하면 결과는 완전히 달라집니다. 이때 원반은 최소한 50m는 날아갑니다."

모든 회전 운동은 외부의 토크를 수반한다. 예를 들어 회전 원반을 던지는 코끼리 코는 토크에 영향을 준다. 이러한 토크는 던지는 힘과 방향, 그리고 지렛자루에 달려 있다. 그것은 힘의 출발점에서 회전 운동 축까지의

플라잉디스크 세계 기록

1999년 현재 플라잉디스크(원반 던지기) 세계 기록은 1995년 스콧 스토켈리(미국)가 세운 200.01m이다. 유럽 기록은 1993년 니콜라스 베르게함(스웨덴)이 세운 197.38m이다(출전:WFDF(세계플라잉디스크 연맹: www.wfdf.org)).

자전거를 탈 때 비스듬히 기운 자세는 바퀴의 회전으로 안정을 유지한다. 그 효과는 오토바이를 탈 때 더 강력하게 작용한다. 그 이유는 바퀴의 속도가 더 빠를수록 이에 따른 관성 모멘트가 더 높아지기 때문이다. 따라서 오토바이를 탈 때 자세가 급격하게 기울더라도 안정을 유지할 수 있는 것이다.

세차 운동

높은 관성 모멘트로 인하여 팽이는 회전 속도가 빨라질 경우 중력에 반발한다. 힘차게 돌고 있는 팽이를 넘어뜨리려고 하면 거세게 반발하는 것을 느낄 수 있다. 어릿광대의 가방과 마찬가지로 팽이는 중력이나 충격 같은 힘의 영향을 받을 때 그 힘을 옆으로 피하려고 한다. 팽이는 결코 외부의 힘에 굴복하지 않는다. 이러한 현상을 세차 운동(歲差:넘어지려는 팽이의 축이 그리는 원추형의 운동-옮긴이)이라 한다.

이것은 돌고 있는 팽이를 거의 수평이 되도록 휘게 하면 쉽게 알수 있다. 팽이는 제자리에서 원 운동을 시작하며 넘어지지 않는다. 원 운동이 완전히 느슨해진 다음에야 팽이는 넘어진다.

거리이다. 지렛자루가 길수록 토크는 더 커진다. 이때 물체는 회전축에 가해지는 힘의 방향으로 회전한다.

서커스 단장의 말이 계속된다. "이제 여러분께 간단한 실패를 이용하여 이러한 현상과 관련한 신통한 묘기를 보여드리겠습니다. 이 묘기는 집에서도 쉽게 따라해볼 수 있습니다."

오묘한 실패

손에서 빠져 달아나는, 실이 감긴 실패를 어떻게 일어나지 않고 다시 끌어당길 수 있을까?

단순히 실 끝만 잡아당겨서는 성공하지 못한다. 오히려 더 멀리 달아날 뿐이다. 다음과 같은 비결을 알지 못하는 한.

실을 바닥과 평평하게 유지한 상태에서 잡아당겨보자. 이제 실패는 몸 쪽으로 말려온다. 어떻게 이것이 가능할까? 이 질문에 대답하기 위해 이 상황을 좀더 정확하게 관찰해보자.

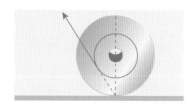

단순히 실 끝을 잡아당기면 실패는 더 멀리 달아난다. 실패를 다시 끌어당기기 위해서는 실 끝을 바닥과 평평하게 유지한 상태에서 잡아당겨야 한다.

실패와 바닥 사이에 현재 접촉하고 있는 점이 회전축이다. 실에 힘을 주면 토크가 회전축에 가해지게 된다. 토크와 회전의 방향은 지렛자루와 실에 주어진 힘의 방향에 좌우된다. 지렛자루는 출발점 실과 실패가 접촉하는 지점에 위치한다. 따라서 지렛자루는 실패와 바닥이 접촉하는 지점에서부터 실패와 실이 접촉하는 지점에 해당한다. 이렇게 되면 특별한 상황이 발생한다. 즉 실의 방향이 지렛자루의 방향과 일치하면 힘과 지렛자루는 평행 상태가 되며 실패에 토크가 가해지지 않는다. 이것은 실패의 접촉점에 있는 실이 계속 움직이면 바닥에 닿는 경우와 똑같다.

지렛자루보다 더 경사진 실의 모든 위치들은 힘도 지렛자루보다 더 경사지게 만드는 역할을 한다. 그러면 실패는 더 멀리 달아난다. 그러나 실이 지렛자루보다 더 평평하면 정반대의 결과가 나온다. 즉 힘이 지렛자루보다 더 평평해지고 실패는 몸 쪽으로 말려온다. 양모실 뭉치에도 이와 똑같은 원리가 적용된다.

날렵한 고양이

"신사 숙녀 여러분, 고집스러운 여행 가방에 뒤이어 이번에는 고집스러운 동물의 대담한 공연을 감상하시기 바랍니다." 고양이 한 마리가 관객들의 박수를 받으며 의기양양한 모습으로 무대에 등장한다. 어릿광대는 장난감 쥐를 가지고 고양이를 유혹하려 하지만 고양이는 쳐다보지도 않는다. 결국 코끼리가 긴 코 위에 고양이를 올려놓고 편안히 앉으라는 신호를 보낸다. 코끼리는 고양이를 천천히 위로 들어올린다. 고양이는 마음에 들었던지 그르렁그르렁 소리를 낸다.

"신사 숙녀 여러분, 여러분은 독특한 새로운 묘기의 증인입니다. 정확하게 지켜봐주십시오. 고양이는 왜 자유 낙하를 할 때 항상 네 발로 떨어지는 것일까요? 특히 고양이의 꼬리를 주시하시기 바랍니다. 이제 곧 코끼리가 고양이를 위에서 떨어뜨릴 것입니다."

북이 요란하게 울리는 가운데 코끼리는 고양이가 의지하고 있는 자신의 코를 돌린다. 잠시 허공을 날던 고양이는 정말로 장난감 쥐를 들고 있는 어릿광대 바로 앞에 놓인 부드러운 매트 위에 네 발로 사뿐히 내려앉는다.

"고양이의 이 대단한 예술은 각운동량의 보존이라는 물리학적 법칙에 근거하고 있습니다. 아시다시피 각운동량은 고양이의 회전 속도에 달려 있습니다. 이 고양이는 보통 고양이로서 스스로 운동하거나 회전하지 않습니다. 따라서 떨어지기 전의 각운동량은 0입니다. 각운동량은 그 크기를 유지해야 하기 때문에 외부의 영향이 없는 한 낙하 도중과 그 이후에도 0이어야 합니다. 그런데도 고양이는 낙하 도중에 축을 따라 몸을 회전하는 능력을 발휘합니다. 고양이는 털이

회전 운동의 중요한 요소들

회전 운동도 직선 운동과 비슷한 개념으로 파악할 수 있다. 원 운동에서 물체의 관성은 관성 모멘트를 통해 표현된다. 원 운동에서 속도는 회전 속도와 일치한다. 각운동량은 회전하는 물체의 회전 속도와 회전 속도의 곱과 일치한다. 이에 작용하는 힘은 결국 토크와 일치한다.

회전 운동에서의 각운동량은 직선 운동에서의 운동량과 비슷한 의미를 지닌다. 여기에 각운동량 보존 법칙이 적용된다.

각운동량의 변화는 외적인 토크에 의해서만 가능하다. 이때 토크는 회전 중심과의 일정한 거리(지렛자루)에서 시작하는 힘에서 생겨난다. 이 지렛자루와 힘이 클수록 토크도 커진다.

많은 꼬리를 반대 방향으로 돌리는 재주가 있습니다. 이로써 고양이가 몸과 꼬리를 회전할 때 각각의 각운동량의 합인 전체 각운동량은 0입니다."

고양이는 그 사이 무대 한구석에 편안히 드러누워 서커스 곡예사로서 세운 공에 만족하며 더 이상 움직이려 하지 않는다.

의자 위에서 물구나무서기

어릿광대는 다음 공연을 위해 회전판 한가운데에 놓여 있는 의자에 앉아 있다. 코끼리가 회전판을 돌리기 시작한다. 자, 무슨 일이 일어나는지 지켜보자. 처음에 어릿광대는 조용히 앉아서 의자의 축을

각운동량은 고양이의 회전 속도에 달려 있다.

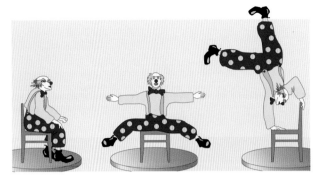

어릿광대의 팔과 다리가 의자의 축
또는 중앙에서 멀리 떨어질수록 의
자는 더 천천히 회전한다.

중심으로 회전한다. 그 다음에 그는
팔과 다리를 점점 더 넓게 벌린다. 이
것이 의자의 회전 속도에 커다란 영향
을 미친다. 팔다리가 의자의 축에서
멀리 떨어질수록 의자는 더 천천히 회
전한다.

　이것은 어릿광대가 의자 위에서 옆
으로 물구나무서기를 한 상태에서 두 다리를 쭉 뻗을 때 가장 두드러
진다. 의자는 거의 멈춘 듯이 보인다. 어릿광대가 다시 자리에 앉자
의자는 곧바로 움직이기 시작하더니 빠른 속도도 회전한다.

　이러한 실험은(의자 위에서의 물구나무서기는 제외하고) 집에서도 회
전 의자를 이용하여 쉽게 따라해볼 수 있다.

회전 의자와 각운동량

회전 의자 실험
이 공연에 필요한 것은 회전
의자뿐이다. 그러나 의자를 조
심해서 다루어야 한다. 먼저
의자에 앉아서 현기증이 일어
나지 않을 정도로 가볍게 의자
를 회전시킨다. 회전을 멈추기
위해서는 다리와 팔을 벌리기
만 하면 된다. 그러면 벌써 회
전에 제동이 걸린다. 팔이나
다리를 다시 오므리면 의자가
다시 회전하기 시작하며 곧 이
전의 속도를 회복한다.

　"앉는 자세의 변화로 회전 운동에 대한 저항도 변한 듯합니다." 단
장이 계속 회전하고 있는 어릿광대를 향해 말한다.

　"이 저항이 회전 운동의 관성 모멘트입니다. 이러한 저항은 의자
위에 앉는 자세를 통해 변화시킬 수 있습니다. 질량이 회전축에서 멀
어질수록 관성 모멘트는 더 커집니다. 이와 함께 각운동량은 증가합
니다. 각운동량은 관성 모멘트와 회전 속도의 산물이기 때문입니다.
그러나 이것은 사실과 다릅니다. 각운동량 보존 법칙이 적용되기 때
문입니다. 회전 속도는 주변의 조건에 따라 변합니다. 관성 모멘트가
높아지는 경우에는 회전 속도가 느려집니다. 반면에 관성 모멘트가
낮아지는 경우에는 회전 속도가 빨라집니다. 그래서 각운동량은 항

상 일정합니다." 단장이 설명을 마치고 관객들을 향해 어릿광대에게 박수 갈채를 보내주길 부탁한다.

어릿광대는 회전 의자에서 일어나 박수 갈채를 받으며 무대 밖으로 나간다.

대단원

"신사 숙녀 여러분, 대단원의 막을 내리기 전에 공중에 떠다니는 빌리를 다시 한 번 환영해주시기 바랍니다." 서커스 단장이 관객에게 말한다.

줄타기 곡예사는 박수를 받으며 무대로 뛰어나와 때맞춰 무릎을 꿇은 코끼리의 등으로 거뜬히 기어올라간다. 다시 일어선 코끼리는 그를 천장 밑까지 들어올린다. 거기에서 줄타기 곡예사는 공중 그네를 향해 점프하여 두 손으로 꽉 붙잡는다. 그는 공중 그네를 흔들어 몸이 이리저리 움직이게 만든다. 맞은편에는 두 번째 공중 그네가 아래와 연결된 끈의 도움으로 흔들리고 있다. 북이 요란하게 울리는 가운데 단장이 긴장된 목소리로 말한다. "여러분은 지금 오늘의 하이라이트, 즉 공중 회전을 보고 계십니다."

공중 회전

곡예사는 마지막으로 한 번 더 몸을 흔들더니 그네를 놓는다. 그는 몸을 동그랗게 말아 멋진 동작으로 공중 회전을 한다. 그 다음 그는 순식간에 몸을 다시 펴서 마주 다가오는 두 번째 그네를 붙잡는다. 그는 이 그네에서 몸을 몇 번 흔들다가 아무 일도 없던 것처럼 코끼리 몸을 타고 바닥으로 내려온다. 관객들의 박수가 쏟아진다.

"저것은 제가 무조건 따라할 수 있는 게 아니에요." 감동한 얀이 할아버지에게 말한다.

"생각 속에서만 가능하지. 나는 지금 곡예사가 어떻게 저런 묘기를 부렸는지 곰곰이 생각해보고 있단다. 각운동량의 보존과 관성 모

멘트가 관련 있는 게 분명해." 할아버지가 자신의 의견을 말한다.

"맞습니다." 단장이 말한다. "이 서커스는 모든 예술을 과학적으로 설명할 수 있는 특별한 서커스이기 때문에 지금부터 공중 회전이 어떻게 가능한지를 설명하겠습니다. 먼저 곡예사는 줄을 이용해 서커스장 천장에 매달아놓은 공중 그네에서 몸을 흔듭니다. 다시 말해서

정보상자

스포츠에서 각운동량의 보존

트램펄린 도약, 스프링 보드 도약, 기계 체조 등에서의 공중 회전과 몸 뒤틀기는 몸의 자세 변화로 인한 회전 속도의 변화라는 원칙에 근거하고 있다. 피겨 스케이팅 선수도 무의식적으로 물리학의 법칙을 시적인 아름다움으로 승화시킨다. 연속적인 도약 이외에도 마지막 부분의 피루에트(한쪽 발끝으로 서서 선회하기 – 옮긴이)도 각운동량의 보존에 근거하고 있다. 이때 회전 운동은 회전축을 중심으로 일종의 수축이 일어남으로써 더욱 가속되어 예술가와 관객모두 현기증을 일으킬 정도가 된다. 이것은 이 예술이 일반적으로마지막 부분에 빠른 속도를 지니게 되는 이유이다.

1. 중력과 여러 가지 기적 **107**

그는 천장에 매달린 줄을 축으로 하여 부분적으로 회전합니다. 따라서 그는 그네에서 손을 놓는 순간 일정한 각운동량을 갖습니다. 몸을 동그랗게 말아 그는 관성 모멘트를 현저하게 줄입니다. 이와 함께 회전 속도는 빨라집니다. 각운동량이 일정해야 하기 때문이지요. 그가 다시 몸을 펴자마자 회전에는 제동이 걸립니다. 공중 회전은 원래 이처럼 간단합니다. 하지만 또 다른 그네를 제때에 붙잡기 위해 그가 얼마나 강하고 오랫동안 몸을 동그랗게 말아야 하는지, 회전을 얼마나 빨리 하고 다시 제동을 걸어야 하는지는 간단하지 않습니다. 이를 위해 그는 몇 년 동안이나 훈련했습니다. 그는 박수 갈채를 받을 자격이 있습니다. 신사 숙녀 여러분, 이제 공연을 끝내야 할 때가 왔습니다. 대단원을 화려하게 장식하기 위해 모든 곡예사들을 무대로 불러내겠습니다."

최후의 달걀 테스트

단장은 달걀 두 개를 바닥에 올려놓는다. "두 개의 달걀 중 하나는 날 것이고 다른 하나는 삶은 것입니다. 껍질을 벗기지 않은 상태에서 어떻게 구별할 수 있을까요?'

그는 두 개의 달걀을 접시 위에 올려놓고 동시에 회전시킨다. 이때 커다란 차이가 나타난다. 삶은 달걀은 빠르게 회전하며, 회전 속도가 빨라지자 마치 팽이처럼 세로로 서기까지 한다. 이와는 반대로 날 달걀은 별로 회전하지 않는다.

"달걀의 노른자와 흰자는 유동성을 지니고 있기 때문에 회전 운동에 강하게 저항합니다. 이처럼 높은 관성 모멘트는, 노른자가 흰자보다 더 무거워 원심력에 의해 달걀 중앙에서 밀려나는 현상에 의해 생

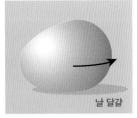

날 달걀

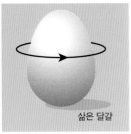

삶은 달걀

이러한 달걀 묘기는 유동성을 지닌 달걀의 높은 관성 모멘트에 근거한다. 내용물은 껍질이 멈춘 후에도 안쪽으로 계속 회전하면서 각운동량을 껍질에 전달한다.

겨냅니다. 달걀 내부에서 서로를 휘감는 운동으로 인해 회전 운동에 제동이 걸립니다. 액체 안에 뚜렷한 관성 모멘트가 존재하는 것은 액체 분자들의 내적인 마찰 때문입니다. 이를 통해 껍질의 토크는 최소한 부분적으로 액체의 일부에 의해 또 다른 일부에 계속 전달됩니다. 두 달걀의 관성이 서로 다르다는 것은 회전을 중지시킬 때에도 관찰할 수 있습니다. 회전을 외부에서 중지시킬 때 이 두 달걀에는 어떤 일이 벌어질까요? 이것을 알아보기 위해 삶은 달걀의 회전을 중지시킨 다음 곧바로 손을 떼겠습니다. 어떤 일이 벌어지는지 살펴보시기 바랍니다."

달걀을 정지시켰다. 이제 달걀 내부에서는 더 이상 아무것도 회전하지 않는다.

"이번에는 날 달걀을 실험해보겠습니다."

단장은 회전하는 날 달걀을 손으로 잡았다가 다시 놓는다. 놀랍게도 달걀은 잠시 후 다시 저절로 회전한다.

그 이유는 무엇일까?(108쪽 그림 설명 참조)

단장은 정중하게 인사하고 실린더 모자를 벗은 다음 관객을 향해 소리친다.

"깊은 관심을 가져주셔서 대단히 감사합니다. 안녕히 돌아가십시오."

출구에서 얀과 할아버지는 가스가 든 풍선을 선물로 받는다. 할아버지는 자동차에 오르자 풍선을 날려보낸다. 풍선은 천천히 위로 올라가더니 밤하늘로 사라진다. 그러나 이것은 얀이 이날 밤에 꾼 꿈의 일부이다……

뻐꾸기 알

관객들의 박수를 받으며 곡예사들이 무대를 떠난 뒤 얀은 닭도 알을 부화할 때 이러한 묘기를 사용하는지 알고 싶어한다.

"아마 닭은 삶은 달걀도 품을 걸." 할아버지가 상당히 피곤한 표정으로 대답한다.

"다른 닭의 알을 품을 수도 있겠네요?" 얀이 묻는다.

"최소한 뻐꾸기 알은 다른 새들에 의해 부화한단다. 실험에 의하면 때때로 새들은 다른 새의 알을 품기도 한단다."

2. 비행에 대한 꿈

자체 제작한

가구

헬리콥터

로켓

공중에 떠다니는 기구

　할아버지의 팽팽한 풍선은 점점 더 높이 날아간다. 풍선이 하늘로 높이 올라갈수록 비행을 꿈꾸는 얀은 꿈 속으로 점점 더 빨려들어간다. 얀도 자신의 풍선을 날려보낸다. 그의 풍선은 할아버지의 풍선보다 덜 팽팽하다. 그 때문에 할아버지의 풍선보다 훨씬 낮은 높이에서 떠다닌다. 꿈 속에서 얀은 자신의 풍선 아래 작은 기구에 앉아 있다.

공중에 떠다니는 풍선

　기체를 채워넣은 풍선을 끈에 매달아 무거운 판지에 고정시킨다.

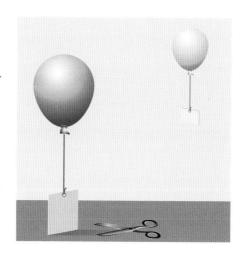

　가위로 조심스럽게 판지의 일부를 조금씩 잘라낸다. 무슨 일이 일어날까?

　풍선의 무게는 점점 더 가벼워지고 어느 순간 풍선은 가볍게 공중에 뜨기 시작한다. 판지를 전부 잘라내면 풍선은 위로 날아간다.

기체 또는 카오스?

기체의 개념은 비교적 최근의
용어이다. 이것은 중세의 학자
파라셀수스가 말한 '공기 형태
의 여러 가지 물체들' 이라는
의미를 지닌 카오스의 개념에
서 유래한 것이다. 탄소를 제
외한 모든 원소는 열을 충분히
가하면 기체 상태로 바뀐다.

최초의 열기구

몽골피에 형제는 1782년 아버
지의 종이 공장에서 수증기를
채워넣은 천 주머니를 공중에
띄우는 실험을 했다. 그리고 1
년 후 몽골피에로 명명된 최초
의 공식적인 무인 열기구가 공
중에 떠올랐다. 이때 린넨 천
으로 만든 풍선의 밑부분에 들
어 있는 공기는 목탄을 담은
용기를 뜨겁게 달궈 데웠다.

작은 새와 큰 새

"풍선은 왜 위로 날아가나요?" 얀이 할아버지에게 묻는다.

할아버지는 자신의 대답이 서커스 단장의 설명과 같은 효과를 내기를 기대한다. 그러나 그는 차라리 페라리 자동차를 타고 얀의 꿈속을 돌아다니고 싶은 마음이 든다. 이때 새들이 무리를 지어 두 개의 기구 바로 밑을 통과한다. 문득 떠오른 듯 할아버지가 말한다.

"그것은 새들의 겨울나기와 같아. 보통 참새나 박새처럼 작은 새들은 땅바닥을 돌아다니며 먹이를 구하지. 그러다 큰 새들이 떼지어오면 이를 피해 하늘로 올라간단다. 큰 새들의 수가 많을수록 작은 새들은 더 높이 달아나야 하지."

"우리가 타고 있는 기구들이 그러니까 일종의 작은 새들로 이루어져 있다는 말인가요?" 얀이 이렇게 추측한다.

"맞아. 기구 속에 들어 있는 기체는 다른 모든 기체와 마찬가지로 엄청나게 많은 수의 미세한 입자들로 이루어져 있어. 그것들은 무리를 지어 날아가는 새들처럼 이리저리 움직이지. 이 미세한 입자들을 분자라고 해. 풍선 속에는 특수한 기체가 들어 있는데 대부분 헬륨이야. 헬륨 분자는 매우 가볍고 작아."

"그러면 우리를 몰아내는 큰 새들은 어디에 있지요?"

"우리 주위를 둘러싸고 있는 공기도 분자들로 이루어져 있어. 이것들은 기구 안의 기체보다 훨씬 크고 무거워. 공기 분자들이 큰 새의 역할을 하면서 작은 헬륨 분자들을 위로 밀어내. 무거운 분자일수록 중력이 밑으로 잡아당기지. 이와는 반대로 가벼운 분자들은 중력이 약하게 잡아당기기 때문에 위로 올라가. 그래서 우리도 공중에 떠 있는 거야."

동역학상의 기체 이론 및 압력과 비행

기체는 엄청나게 많은 수의 미세한 입자들, 즉 분자들로 이루어져 있다. 이 분자들은 서로 다른 속도로 무질서하게 이러저리 부딪히며 돌아다닌다. 이상적인 기체의 경우, 분자들은 충돌하지 않는 한 서로에게 그 어떤 힘도 가하지 않는다. 동시에 운동하는 당구공들과 마찬가지로 이 분자들은 또 다른 분자들과 충돌한다. 이러한 충돌은 '완전 탄성 충돌'로 간주할 수 있다. 따라서 분자들은 1장에서 살펴본 당구공처럼 에너지와 운동량을 교환한다. 분자들이 경계면에 충돌함으로써 힘이 이 면에 전달된다. 특정한 평면에 작용하는 기체의 힘을 압력이라고 한다. 뉴턴의 제2법칙에 따르면(59쪽 참조) 이 힘과 압력은 짧은 단위 시간 내에 전달된 부분들의 운동량(즉 전체 운동량의 변화)에 좌우된다. 따라서 기체 분자들이 똑같은 자리에 더 많이 몰려들수록 압력은 더 높아진다. 또한 이 분자들은 무거울수록 더 빨리 날아간다.

풍선은 왜 날아갈까

풍선 속의 기체뿐만 아니라 공기도 풍선의 안쪽과 바깥쪽 면에 압력을 가한다. 뉴턴의 제3법칙에 따라 이 압력은 똑같아서 풍선의 균형을 유지시켜준다. 즉 풍선 내부의 압력은 외부의 공기 압력과 똑같다. 압력과 온도가 같을 경우 기체 분자들은 클수록 더 무겁다. 기체가 공기보다 더 가벼우면 공기는 중력에 의해 밑으로 내려간다. 그 결과 풍선은 위로 올라간다.

분자란 무엇일까

분자('작은 질량'이라는 의미의 라틴어 'molecula'에서 유래)는 화학적으로 결합된 두 개 이상의 원자('분리될 수 없다'는 의미의 그리스어 'a-tomos'에서 유래)로 이루어져 있다. 분자의 표기는 예를 들어 H_2O(두 개의 H 원자와 한 개의 O 원자)처럼 그 안에 들어 있는 원자의 종류와 수로 나타낸다.

헬륨 기체

유용하게 사용되는 헬륨은 미국의 천연 가스 지대에서 분출된다. 헬륨은 예를 들어 산소와 함께 농축하여 잠수 장비에 이용하는 등, 여러 가지 기술적 응용 분야에서 보호 및 냉각 기체로 활용한다.

얀은 이러한 설명에 만족하여 새들과 공기에 대한 꿈을 꾼다.

공중에 떠다니는 것에 대한 물리학적 설명은 동역학상의 기체 이론에 바탕을 둔 것이다.

공기의 의미

얀은 계속 꿈을 꾸면서 또 다른 질문을 떠올린다.

"공기란 대체 무엇일까요? 공기는 투명해서 보이지는 않지만 곳곳에 존재해요. 공기는 제가 아는 한, 얻는 데 돈이 들지 않는 몇 안 되는 것들 중의 하나예요."

"아무것도 아닌 것처럼 보이지만 공기는 우리에게 전부나 마찬가지야. 공기는 얻는 데 거의 돈이 들지 않지만 우리에게 매우 가치 있는 것이기 때문이지. 심지어 모든 인간에게 중요한 식료품이라고 할 수 있지. 공기의 중요한 구성 요소는 산소야. 우리는 숨을 쉴 때마다 폐를 통해 엄청난 양의 산소를 몸에 받아들이지. 공기가 없다면 우리는 몇 분 안에 산소 부족으로 질식하고 말 거야. 그렇기 때문에 공기는 인류가 지닌 가장 소중한 재산이지. 우리는 이 재산을 보존하고 더 이상 오염시키지 않기 위해 최선을 다해야 해."

공기

그리스 시대에 벌써 아리스토텔레스 같은 사람은 공기를 대지 · 불 · 물과 함께 네 가지 중요한 원소 중의 하나로 평가했다. 공기는 여러 가지 기체로 이루어진 특별한 혼합물이다. 이러한 혼합은 수백만 년을 지나면서 동식물과 지구 환경 사이의 상호 작용에 의해 이루어졌다. 대지는 주로 날씨와 화산 활동을 통해 공기의 물질적 혼합에 영향을 미친다. 예를 들어 하와이에 위치한 킬라우에아 화산은 매년 수백만 톤의 이산화황·황화수소·플루오르화수소·염산가스 등을 대기로 뿜어낸다. 바람이나 폭풍우도 마찬가지로 공기에 지대한 영향을 미친다. 그래서 가끔 강한 바람을 타고 사하라 사막의 공기에 포함된 모래와 먼지가 북독일까지 날아오기도 한다.

생명체들은 공기에서 생존에 필요한 여러 가지 요소들을 취하고 더 이상 필요 없는 요소들은 공기에 내보낸다. 이러한 요소들은 다시 또 다른 생명체가 사용한다. 이를테면 인간과 동물은 호흡에 필요한 산소를 취하는 대신에 이산화탄소는 배출한다. 이 이산화탄소는 식물의 생존을 위해 사용된다. 그 대가로 식물은 다시 새로운 산소를 만들어낸다. 공기의 이러한 순환은 질소나 인 또는 물에도 적용된다. 시간이 흐르면서 종들 사이에 서로 주고받는 복잡한 과정을 거쳐 경이로운 균형이 유지된다. 수백만 년 동안에 이루어진 이 모든 '교환업무'의 결과로 공기는 다음과 같은 여러 가지 기체들의 혼합물이 되었다.

구성 요소	무게 비율(%)	부피 비율(%)
질소	75.52	78.08
산소	23.01	20.95
아르곤	1.29	0.93
이산화탄소	0.05	0.03
기타	0.13	0.01

위험에 대한 안전판

공기의 기타 구성 요소는 대략 8만 가지에 이른다. 중요한 구성 요소인 유해 물질들의 농도는 대도시의 특정한 지점에서 매일 측정한다. 아래 도표는 바덴뷔르템베르크 주 환경보호국이 1998년 1월 20일 바덴뷔르템베르크의 몇몇 지역에서 유해 물질을 측정한 결과이다. 여기에는 유해 물질의 하루 최대치가 입방미터당 마이크로그램 단위로 나타난다.

유해 물질	슈투트가르트 중심부	프로이덴슈타트 / 슈바르츠발트	에어핑겐 / 슈베비쉐 알프
SO_2	7	5	7
NO_2	40	11	7
NO	9	10	1
CO	500	300	200
O_3	53	77	79
먼지	18	17	11

공기는 호흡 이외에도 다른 수많은 이유로 인간 생존에 꼭 필요한 요소이다. 이를테면 공기는 인간의 언어를 전달하는 매개체이다. 또한 불이 활활 타오르기 위해서는 공기 중의 산소가 필요하다. 또 공기가 없다면 우리는 금방 폭발하고 말 것이다. 피의 압력에 맞서는 외부의 압력이 없기 때문이다. 이를 방지하기 위해 우주 비행사들은 공기가 없는 우주에서는 우주복을 입는다. 지구를 둘러싼 대기층은 우주로부터의 위험을 막아주는 탁월한 안전판이다. 예를 들어 우리의 생명을 위협하는 우주의 광선은 지구의 대기층에서 걸러진다. 지구를 향해 날아오는 운석과 혜성들은 대기층을 통과하면서 강하게 제동이 걸려 타버린다. 이것은 공기 분자들과의 마찰에 의해 일어난

유성
어느 민족의 전설에 따르면 유성을 바라보며 소원을 빌면 이루어진다고 한다. 자연의 균형을 깨려는 인간의 위협에 맞설 수 있도록 대기가 저항력을 갖기를 바라는 것은 결코 잘못된 소원이 아니다. 공기가 없으면 삶도 없기 때문이다.

다. 작은 운석들이 타버리는 현상은 청명한 가을밤에 유성으로 목격할 수 있다.

"공기는 좋은 친구와도 같단다. 늘 존재하면서도 눈에 띄지 않게 뒤로 물러나 있지만 엄청난 가치와 힘을 지니고 있어." 할아버지가 자신의 기구 안에서 말한다. 그 사이에 두 개의 기구는 점점 더 높이 올라간다.

"공기의 힘은 높이에 따라 달라진단다. 대기층은 지구 표면에서 멀리 떨어질수록 더 엷어지지. 기압은 해표면에서 가장 커. 그 위에 위치한 대기층들의 무게 전체가 내리누르기 때문이야. 위로 올라갈수록 기압은 더 낮아지지. 산 위나 우리가 타고 있는 기구 안에서도 기압이 낮다는 것을 느낄 수 있을 정도야. 예를 들어 콜라 속의 탄산을 통해서도 알 수 있어."

할아버지는 콜라를 따서 얀에게 한 잔 따라준다. 실제로 얀은 평소와는 다른 변화를 눈으로 확인한다. 즉 탄산이 잔 밖으로 마구 튀어오른다.

"산이나 비행기 또는 기구 속처럼 물에 대한 외부의 기압이 줄어들면 탄산은 해표면에서보다 더 강하게 튀어오르지."

공기의 커다란 힘은 집에서도 간단히 실험해볼 수 있다.

공기의 힘

공기는 나무보다 강하다

작은 나뭇조각이나 못 쓰는 자를 책상 위에 올려놓는다. 이때 그 일부가 책상 모서리 밖으로 튀어나오도록 한다. 그 위에 책상 모서리를

공기의 구성 물질
지구 표면과 가까운 곳은 공기의 구성 물질이 일정하다. 단 온도에 좌우되는 수증기(습도)를 비롯한 탄소 · 질소 · 황 · 현탁물질(공기 오염) 등은 예외이다.

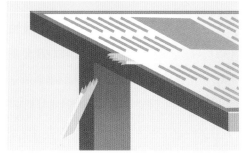

따라서 신문을 펼쳐놓은 다음 꽉 눌러서 자에 밀착시킨다.

그리고는 자의 튀어나온 부분을 주먹으로 힘껏 내리친다. 자는 부러지지만 종이는 움직이지 않는다.

종이는 마치 상당한 무게를 지닌 것처럼 보인다. 이 무게는 종이 위에 놓여 있는 공기의 무게이다.

이 묘기는 자를 단숨에 힘껏 내리칠 때에만 성공한다. 그렇지 않으면 자는 위로 솟아오르고 신문 밑에 생겨난 공간으로 공기가 들어간다. 그러면 종이의 위와 아래에 똑같은 공기 압력이 가해져서 종이가 움직인다.

역방향의 관성

기체를 채워넣은 풍선을 엘리베이터 안에 넣고 무슨 일이 일어나는지를 관찰한다. 엘리베이터가 속력을 내서 밑으로 내려오면 풍선도 마찬가지로 밑으로 내려온다. 엘리베이터가 속력을 내서 위로 올라가면 풍선도 위로 움직인다.

풍선은 마치 무거운 물체의 경우와는 정반대의 관성을 지닌 것처럼 보인다. 외부의 모든 운동은 풍선에 의해 수용되고 심지어는 풍선이 그러한 변화를 갈망하기라도 한 것처럼 강화된다. 풍선의 이 이상한 반응은 공기의 무게와 관성에 그 원인이 있다. 엘리베이터 안의 공기는 풍선 속의 기체보다 더 무겁고 따라서 관성도 더 크기 때문에 엘리베이터의 운동에 대해 더 강력하게 저항한다. 풍선은 공기가 없

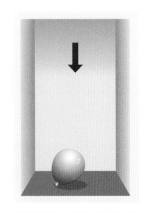

엘리베이터가 밑으로 내려오면 풍선도 마찬가지로 밑으로 움직인다.

는 곳에서라면 다른 물체와 마찬가지 반응을 보이겠지만 엘리베이터 안에서는 공기를 피하면서 그 빈자리를 채우는 수밖에 없다. 그래서 관성에 역행하는 운동을 한다.

턴테이블 위의 촛불

전축의 턴테이블 위에 음반 모양의 판지를 올려놓는다. 그 위에 기다란 물잔을 촛농으로 고정시키고, 물잔 안의 양초 역시 촛농으로 고정시킨다. 그런 다음 전축을 작동시킨다. 촛불은 어떻게 될까? 불꽃은

이제까지 살펴본 원심력의 법칙과는 다르게 반응한다. 즉 촛불은 바깥쪽이 아니라 안쪽으로 기운다. 공기는 촛불의 연소 가스보다 관성이 더 크기 때문에

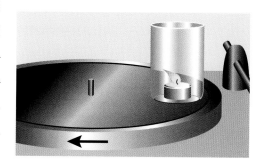

원심력은 공기에 더 강하게 작용한다. 따라서 공기는 바깥쪽으로 밀려나고 불꽃을 안쪽으로 몬다.

심지어는 역방향의 코리올리힘도 관찰할 수 있다. 다시 말해서 턴테이블이 시계 방향으로 회전하면 불꽃은 오른쪽으로 기운다. 그 이유는 공기에 대한 '정상적인' 코리올리힘이 왼쪽으로 기울기 때문이다. 이를 통해 오른쪽에 불꽃을 위한 자리가 생겨난다.

보일-마리오트의 법칙

공기의 힘은 얀의 꿈 속에서 점점 더 높이 올라가고 있는 두 개의

로버트 보일
(1627~1691)
아일랜드 리즈모어에서 태어난 아이렌 로버트 보일은 자연과학의 역사에서 빼놓을 수 없는 인물이다. 당대의 위대한 수학자이자 철학자였던 라이프니츠나 호이겐스는 순수한 사고를 통해 자연을 기술해야 한다는 입장을 취했다. 이와 달리 보일은 자연과학에서 실험의 중요성을 보여줌으로써 갈릴레이와 함께 근대의 보이지 않는 문턱을 넘어섰다.

기구 안에서도 느낄 수 있다. 무엇보다도 이 기구들의 크기가 변했다. 기구는 높이 올라갈수록 더 커진다. 심지어 처음에는 작았던 얀의 기구도 그 사이에 커지고 팽팽해졌다. 이것이 꿈 속에서뿐만 아니라 현실에서도 가능하다는 것은 슈퍼마켓에서 파는 풍선을 이용하여 쉽게 실험해볼 수 있다. 기체를 약간만 불어넣은 풍선을 고층 건물의 상층부나 산 위로 가져가면 풍선이 팽팽해진다.

"왜 이런 일이 일어날까요?" 얀이 할아버지에게 묻는다.

"이미 1662년 아이렌 로버트 보일에 의해 그 원인이 밝혀졌어. 그는 기체에 대한 압력이 느슨해지면 기체의 부피가 커진다는 것을 발견했거든. 물론 압력을 많이 받으면 부피는 작아지지."

결론:기체의 부피와 압력을 곱한 값은 일정하다.

기체의 온도

나중에 밝혀졌듯이 이러한 일정한 관계는 기체의 온도에 좌우된다. 이것은 오늘날 보일-마리오트의 법칙(일반적으로 보일의 법칙이라고 한다-옮긴이)이라 불리는 법칙이다.

프랑스의 에드므 마리오트는 1676년 보일의 존재를 알지 못한 채 그의 업적을 자세히 다룬 책을 출판했다. 여기에서 풍선의 수수께끼가 풀렸다. 즉 풍선이 하늘 높이 올라갈수록 풍선에 대한 외부의 압력은 줄어든다. 보일-마리오트의 법칙에 따르면 이 풍선의 부피는 더 커진다.

할아버지의 기구는 그 사이에 너무 높이 상승하는 바람에 펑 하는 소리와 함께 터지고 말았다. 얀은 그 때문에 자신이 꿈에서 깨어나지 않은 것을 다행으로 여기며 기뻐한다. 할아버지는 기구의 잔해와 함께 물 속으로 떨어지지만 다행히도 꿈 속에서 일어난 일이기 때문에 땅바닥에 사뿐히 착륙한다. 얀의 기구는 한동안 더 상승하다가 마찬가지로 터져서 밑으로 추락한다. 그는 할아버지보다 더 멀리 날아가 광장 한가운데에 착륙한다. 비행하는 꿈을 꾼 경험은 풍선 경기대회에서 커다란 장점으로 작용한다.

풍선 경기대회

기체를 팽팽하게 불어넣은 풍선과 느슨하게 불어넣은 풍선 중에서 어느 풍선이 더 멀리 날아갈까? 이것은 헬륨 풍선 두 개를 이용해 쉽게 실험해볼 수 있다. 기체의 양을 서로 다르게 넣은 두 개의 풍선에 우편엽서를 매단다. 우편엽서에는 이 엽서를 발견하면 보내달라는 부탁의 말과 함께 주소를 쓰고 반송우표를 붙인다. 그 다음에 두 풍선을 동시에 날려보낸다.

처음에는 팽팽한 풍선이 훨씬 더 빨리 하늘로 날아간다. 두 풍선은 높이 올라갈수록 부피가 늘어난다. 그 원인은 고도가 높아질수록 기압이 감소하기 때문이다. 풍선에 대한 외부 압력이 줄어들수록 풍선의 부피는 더 늘어난다. 이 결과는 물론

더 높은 차원에서의 균형을 의미한다. 풍선은 계속해서 늘어난다. 그러다가 고무 표면의 내부 긴장이 매우 높아지면 결국에는 터지고 만

에드므 시그네 드 샤토 마리오트
(1630~1684)

프랑스의 에드므 마리오트는 보일보다 3년 늦게 태어났다. 그는 목사이자 물리학자였으며 학문적으로 완전히 다른 길을 걸었다. 그는 주로 이미 수립된 학문적 지식을 증명하고 검증하는 일에 몰두했다. 예를 들어 파리 센강의 수량 중 강물 자체보다 빗물의 비율이 더 높다는 것을 증명했다. 또한 1676년 보일-마리오트의 법칙을 증명했으며 보일의 존재를 알지 못한 상태에서 이것을 더 자세히 표현했다. 그러나 이러한 발견에 대한 그의 업적은 논란의 여지를 가지고 있어서, 미국에서는 보일-마리오트의 법칙이 언급될 때 그의 이름은 심지어 거론되지도 않았다. 마리오트는 종종 기존의 발견을 재발견했다는 비난을 듣지만 그의 작업 방식은 매우 큰 중요성을 지닌다. 비유적으로 표현하자면 마리오트는 과학의 경찰관이었다. 다방면에 재능을 지닌 그는 대기의 높이를 정하고 바로미터의 개념을 확립했으며 눈 속의 맹점을 발견했다.

다. 출발할 때 이미 팽팽하던 풍선이 먼저 터진다. 출발할 때 느슨하던 풍선은 훨씬 늦게 터진다. 이 풍선은 더 늦게 최고 높이에 도달하고 따라서 내부의 압력을 덜 받기 때문이다. 비행 시간이 더 길기 때문에 풍선은 바람을 더 받게 되고 따라서 더 멀리 날아간다. 결국 기체를 덜 넣은 풍선에 붙인 우편엽서가 일반적으로 더 멀리 날아간다.

조언:다음 번 풍선 경기대회 때는 풍선을 날려보내기 전에 기체를 조금 빼도록 하라.

멋진 비행

    땅바닥에 착륙한 후 정신을 차린 할아버지가 얀을 향해 큰 소리로 말한다. "다이달로스와 이카로스에 관한 그리스 전설이 생각나는구나. 이 매혹적인 이야기는 하늘을 날아보려는 인간 최초의 실험을 다루고 있지. 이에 대한 자세한 내용은 126쪽 정보 상자에 들어 있어."

    얀은 그 사이에 비바래 백작령인 프랑스의 작은 마을 아노네의 광장에 착륙했다. 그는 근처에 미리 떨어져 거기까지 걸어온 할아버지를 만났다. 그들은 이제 군중 한가운데에 서 있다. 얀과 할아버지 그리고 군중은 모두 함께 여덟 명의 남자들이 밧줄로 붙들고 있는 기구를 바라본다.

다이달로스의 경고에도 불구하고 태양에 너무 가까이 다가갔던 이카로스는, 날개의 촛농이 녹아 흘러서 바다에 빠지고 말았다.

    "신사 숙녀 여러분, 오늘 아주 특별한 체험을 할 것입니다. 1783년 6월 5일 오늘, 여기 아노네에서 새로운 역사가 씌어질 것입니다. 여러분은 우리가 개발한 '기체 정역학의 기계'를 이용한 최초의 이륙 광경을 보실 수 있습니다. 저 앞에서 남자들이 붙들고 있는 자루에는 나와 내 동생 조지프만이 만들어낼 수 있는 증기가 채워져 있습니다." 발명가 에티엔 몽골피에가 놀라서 바라보고 있는 사람들에게 이렇게 말한다.

    양모에 불을 지폈다. 실제로 기구는 가벼워서 위로 떠오른다. 얀의 꿈 속에서 최초의 열기구가 출발한다.

대기 중에서의 조종

1973년 이래로 열기구 유럽 및 세계 선수권 대회가 개최되고 있다. 이 대회에서 각 팀들은 차례로 특정한 목표를 향해 나아가는데 그 정확도를 측정하여 높은 점수를 받는 팀이 이기게 된다. 삼각 주행과 파일럿이 가능한 한 각도를 줄여 출발 지점으로 되돌아오는 이른바 팔꿈치 주행도 애호받고 있다.

기구 경기에서는 '비행한다'는 용어 대신 '주행한다'는 용어를 사용한다. 우주 비행사도 이 용어를 사용한다.

정보상자

다이달로스와 이카로스

전설에 따르면 수공업자·건축가·발명가였던 다이달로스는 미노스왕과 함께 아테네를 떠나 크레타섬으로 갔다. 그가 발명한 유명한 것들 가운데 하나는 크노소스에 만든 미로였다. 이 미로의 출구는 다이달로스만 알고 있었다. 더구나 이 미로 안에는 인간과 황소의 형상이 혼합된 인간을 잡아먹는 무시무시한 괴물 미노타우로스가 살고 있었다. 그러던 어느 날 테세우스가 이 괴물을 물리치고 실패에 감긴 실을 이용하여 미로를 탈출하였다. 그 꾀를 짜낸 인물이 다이달로스였다. 그 때문에 그는 미노타우로스의 죽음에 책임이 있다는 이유로 미노스왕의 미움을 샀다.

미노스는 결국 다이달로스를 그의 아들 이카로스와 함께 자신의 미로에 가두었다.

하지만 이 두 사람은 세련된 방법으로 미로를 탈출하는 데 성공했다. 그들은 공중으로 높이 날아 도망갔던 것이다.

이를 위해 다이달로스는 새의 깃털로 날개를 만들어 촛농으로 몸에 붙였다. 날기 전에 다이달로스는 아들에게 다음과 같이 경고했다. "너무 낮게 날지 말거라. 그러면 용솟음치는 바닷물의 거품 때문에 깃털이 축축해져서 쓸모가 없게 돼. 너무 높이 날지도 말거라. 그러면 촛농이 녹아 흘러서 바다에 추락하고 말 거야."

그는 이륙하기 전에 마지막으로 "나를 따르거라!"라고 말했다. 두 사람은 하늘로 날아갔다. 이카로스는 아버지의 경고에도 불구하고 자만심에 빠져 점점 더 높이 날아올랐다. 결국 그는 태양에 너무 가까이 다가가는 바람에 촛농이 녹아 흘러서 바다에 추락하고 말았다.

　이 추락 지점은 오늘날에도 이카로스해로 불린다.

　다이달로스는 혼자서 시칠리아까지 날아갔으니, 최소한 전설에 따르면 그는 역사상 최초의 비행사였다. 다이달로스는 노력을 기울이면 멀리까지도 날아갈 수 있다는 것을 증명했다.

최초의 유인 기구

　기구는 평지에서 얼마 떨어지지 않은 높이에서 7분 동안 떠다녔지만 군중을 매료시키기에는 충분했다. 이런 방식으로 최초로 공중에 떠다닌 육지 생명체는 인간이 아니라 양 · 오리 · 닭 등이었다. 최초의 유인 기구 주행은 같은 해에 이루어졌다. '기체 정역학의 기계'라는 경이로운 증기 기관의 부유 효과에 대한 설명은 물론 에티엔 몽골피에의 생각보다는 그다지 신비롭지 않다.

열기구

　몽골피에 형제의 마술을 재현하기 위해서는 여러 장의 얇고 투명한 종이 또는 색종이, 가느다란 판지, 가위, 접착제, 신문지 등이 필요하다.

1단계
여러 장의 얇은 종이를 커다란 종이에 붙인다. 큰 종이는 $50 \times 80cm$

정도의 크기가 되어야 한다. 전체적으로는 이러한 종이가 여섯 장 필요하다.

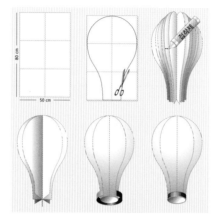

2단계

여섯 장의 종이마다 기구의 윤곽을 그린 다음 가위로 오려낸다

3단계

기구 형태의 종이 한가운데를 접는다. 각각의 모서리가 서로 연결되도록 접착제로 붙인다.

4단계

이때 각각의 부분들이 서로 달라붙지 않도록 주름 사이에 신문지를 끼워넣는다. 첫 번째 종이와 마지막 종이를 붙이면 기구가 완성된다.

5단계

기구를 잠시 말린 다음 조심해서 펼친다. 이때 잡아찢거나 힘껏 잡아당겨서는 안 된다.

6단계

판지를 띠처럼 가늘게 잘라서 입구 밑 부분에 부착하여 기구를 튼튼하게 한다. 이로써 기구는 출발 준비를 끝냈다.

상승 온난 기류란 무엇일까

상승 온난 기류('따뜻하다'는 의미의 그리스어 'thermos'에서 유래)는 태양 광선과 지구 표면의 가열에 의해 야기된 공기의 국지적인 상승 운동(대류)을 의미한다. 그래서 글라이더 조종사들은 항상 상승 온난 기류를 이용하려고 한다.

입자들의 온도·밀도·속도

열기구는 왜 날아갈까? 기구 내부의 뜨거운 공기는 바깥의 공기보다 밀도가 낮아야 한다. 이리저리 뒤엉켜 날아다니는 분자들로 이루어진 기체의 형상을 기억해보자. 이 분자들은 일정한 무게와 평균적인 속도를 지니고 있다. 모두 공기라는 점을 감안하면 분자들의 무게는 외부와 내부에서 똑같다. 분자들의 평균적인 속도는 간단하게 측정할 수 있다. 즉 기체의 온도로 알 수 있다. 입자들이 더 빨리 날아다닐수록 기체는 더 뜨거워지는 것처럼 보인다. 따라서 열을 가하면 내부의 기압은 높아지고 기구는 팽창한다. 이러한 상태는 내부와 외부의 기압이 다시 일치할 때까지 계속된다. 기구 내부의 공기 밀도가 감소하기 때문에 기구는 상승한다. 따뜻한 공기는 일반적으로 위로 올라가려 한다. 물론 기구 외부에서도 그렇다.

상승하는 따뜻한 공기의 이러한 효과를 상승 온난 기류 또는 대류라고 부른다.

7단계

양초나 뜨거운 공기를 내뿜는 선풍기를 입구 밑에 세운다. 뜨거운 공기가 기구 내부로 충분히 들어가면 기구는 공중에 뜨기 시작한다.

"기구가 왜 지금 날아갈까요?" 안은 그 이유가 알고 싶다.

할아버지에게는 너무 쉬운 문제다.

"특별한 증기 때문이야. 뜨거운 공기가 찬 공기보다 더 가볍다는 것은 쉽게 알 수 있을 게다. 기구 내부의 공기는 열이 가해짐으로써 더 가벼워지거든. 그래서 기구는 위로 상승하는 거야. 기구 세계의 언어로 말하자면 기구는 주행한단다." 할아버지가 성의를 다해 설명한다.

"뜨거운 공기는 왜 찬 공기보다 더 가벼운가요?" 얀이 묻는다.

"이것은 다시 동역학상의 기체 이론으로 설명할 수 있지. 이에 대한 설명은 이 책 어딘가의 정보 상자(115쪽)에 들어 있을 게다." 할아버지가 말한다.

울름의 재단사

얀의 꿈에 나오는 다음 주인공은 유감스럽게도 상승 온난 기류의 법칙과 맥락을 모른다. 그 사람은 울름 지방의 유명한 재단사 알브레호트 루트비히 베르블링거이다. 1773년에 출생하여 1829년에 사망한 그는 재단사이자 의족을 제작하는 사람이었다. 그는 어려운 일에 끈질기게 달려드는 전형적인 사람이었다.

a, Herrabrod u. Dostigswecka
Ulmer Biar u. Laugabretzla,
Mutschala u. Geigaknöpfla.

자체 제작한 날개를 달고 도나우강을 건너는 실험을 하던 울름의 재단사는 수많은 구경꾼이 환호하는 가운데 물 속에 빠지고 말았다.

그의 작품은 사람의 힘으로 움직이는 최초의 인조 비행 장비였다. 그는 새들의 것과 비슷한 날개를 만들었다. 황제가 지켜보는 가운데 1811년 5월 31일에 실험이 행해졌다. 베르블링거는 독수리 형상을 하고 도나우강을 날아서 건너가려 했다. 그러나 유감스럽게도 이 시도는 실패하여 강물에 내려앉는 것으로 끝났다. 베르블링거는 이러한 추락을 정신적으로 극복하지 못하고 신경쇠약에 걸려 1829년에 죽고 말았다. 그의 머리에서 나온 설계의 우수성은 1986년에야 증명되었다. 새의 날개를 본뜬 비행 장비는 실제로 날 수 있음이 밝혀진 것이다. 베르블링거의 불운은 그가 상승 온난 기류의 법칙을 몰랐다는 데 있었다. 도나우 강물은 차갑기 때문에 상승 온난 기류를 만들어내지 못한다. 그래서 오늘날에도 도나우강을 근육의 힘만으로 날아서 건너가는 일은 매우 어려운 일이다.

바람의 힘

얀의 꿈 속에서 한 무리의 새들이 울름의 재단사 주위를 날아다닌다. 새들은 아무 문제 없이 차가운 도나우강 위를 날고 있다. 물론 새들은 비행 이론에 관해서는 재단사인 베르블링거보다 더 모른다.

"새들이 날아다니는 것을 관찰해보면 상승 온난 기류만이 전부는 아닌 것 같아." 할아버지가 생각에 잠겨 말한다.

"맞아요." 꿈 속에서 어느 새가 말한다. "땅에 부딪힐지도 모른다는 생각 따위는 아예 하지 않는 것이 비결이에요."

"하지만 가장 중요한 것은 바람이지요." 또 다른 새가 말한다. "나는 날개를 바람에 갖다대기만 하면 벌써 공중에 떠다녀요. 도나우강의 차가운 공기도 문제가 되지 않아요. 바람이 강할수록 더 간단해요. 나는 앞에서 불어오는 바람의 힘을 부분적으로 내 날개에 실어요. 바람은 나를 위로 밀어올리는 데 충분한 힘을 줘요. 다행히도 나는 그렇게 무겁지 않거든요."

이를 증명이라도 하듯 강한 바람이 불어오니 모든 새들이 위로 날아오른다.

바람이 왜 생겨나며 어느 방향으로 부느냐 하는 문제는 장소에 따라 다른 '기압'에 달려 있다. 기압은 장소마다 다르기 때문이다. 이러한 기압의 차이는 상이한 해발 고도, 지구의 자전에 의해 야기되는 코리올리힘, 공기의 온도 등에 의해 생겨난다. 바람은 이러한 압력의 차이들을 상쇄시키려고 한다.

바람은 어떻게 생겨날까
이에 대한 설명은 매우 간단하다. 바람은 단순화시켜 말하자면 수많은 공기 분자가 동시에 일정한 방향으로 운동할 때 생긴다.

일반적으로 말해서 압력의 차이가 클수록 바람은 더 강해진다. 바람은 촛불을 불어서 끌 때에도 생긴다. 두 입술을 밀착시킴으로써 입 안에 과도한 압력이 발생한다. 따라서 두 입술이 많이 닫힐수록 공기는 더 빠른 속도로 빠져나온다. 바람은 일단 운동을 시작하면 더 이상 빨리 멈추지 못하며 심지어는 스스로 굴곡면을 감돌아 불기도 한다. 이것은 집에서도 따라해볼 수 있다.

원통 뒤의 촛불 불어서 끄기

양초를 화장지가 감겨 있던 원통 바로 뒤에 세우고 불을 붙인다. 그리고는 원통 앞에서 입김을 분다. 이때 원통이 넘어지지 않도록 손으로 붙잡는다. 양초가 원통에 가려져 있음에도 불구하고 촛불이 꺼진다.

원래 바람은 원통 때문에 양초를 비껴가야 한다. 그러나 실제로는 정반대의 일이 일어난다.

입김은 원통에 닿으면 스스로 굴곡면을 감돌아 분다. 이것은 작은 종잇조각들을 원통에 풀로 붙여놓으면 쉽게 관찰할 수 있다.

바람이 강할수록 종잇조각들은 심하게 흔들린다. 이렇듯 종잇조각들은 원통 뒤에서도 흔들린다는 것

풍력 발전소

전문가들은 독일에서 활용 가능하고 기술적으로 쓸모 있는 바람 에너지를 모으면 현재의 전기 수요를 충당할 수 있다고 한다. 물론 그러기 위해서는 몇만 개의 풍력 발전소가 필요하다.

정보상자

풍차

최초의 풍차는 대략 1,000년 전에 페르시아에 존재했다. 페르시아 사람들은 넓고 메마른 평지에 수많은 풍차를 만들어놓고 바람 에너지를 이용하여 물을 뿜어올리거나 밀을 빻았다. 유럽에서 가장 오래된 풍차들은 리넨 천으로 만든 날개를 달았다. 이것은 돛단배를 본뜬 것이었다. 크레타에 이러한 풍차들이 남아 있다. 세월이 흐르면서 풍차의 날개는 나무판으로 보강되었다. 유럽에서는 바람의 방향이 수시로 바뀌기 때문에 풍차를 빙빙 돌게 만들어 바람 부는 방향으로 회전할 수 있도록 했다.

을 알 수 있다. 바람은 실제로 원통의 표면을 타고 흐른다. 똑같은 이유로 광고탑 뒤나 고층 건물 밑의 통로에서도 이러한 현상을 발견할 수 있다.

폭풍과 허리케인

얀의 꿈 속에서 강한 바람이 불어와 매트리스를 펄럭인다. 바람은 대단한 힘을 지닐 수 있다. 폭풍과 허리케인의 파괴적인 영향으로 집이 날아가고 자동차가 뒤집히며 나무가 뿌리째 뽑히는 현상들이 이것을 확인시켜준다. 풍력은 그러나 해로운 동시에 에너지를 얻는 데 이용할 수 있다. 글라이더·요트·풍차·현대식 풍력 회전 날개 등은 바람을 통해 추진력을 얻는다.

현대식 풍력 회전 날개와 중세의 풍차는 별로 닮은 점이 없다. 이

요트 항해

요트는 바람이 불면 돛이 회전하면서 속도를 낸다. 이때 배를 기술적으로 이리저리 움직이면 바람이 불어오는 쪽으로 항해하는 것도 가능하다.

것은 날개가 세 개 달린 프로펠러로 이루어져 있다. 이것이 회전 운동을 하면 발전기에서 전기로 변환되어 배선망으로 보내진다. 바람이 제대로 불면 풍력 회전 날개 하나만으로

현재 독일에서는 5,200개 이상의 풍력 발전 시설이 가동되고 있다. 이를 통해 2,075메가와트의 전기가 공급된다. 1998년 독일에서는 시간당 30억 킬로와트의 풍력 에너지를 공급하여 수력 발전에 이어 제2의 재생 에너지원이 되었다.

도 작은 도시 전체에 전기를 공급할 수 있다. 환경 오염이 없는 경제적인 에너지원인 셈이다.

얀의 꿈 속에서 바람은 점점 더 세차게 분다. 그 바람이 다채로운 색깔의 풍차를 돌린다. 이것은 집에서도 따라해볼 수 있다.

바람을 이용한 놀이

바람개비

풍차를 만들기 위해서는 종이, 핀, 코르크 마개, 구멍 뚫린 구슬 등이 필요하다.

1단계

종이를 정사각형으로 오린 다음 연필로 각각 대각선을 긋는다.

2단계

선을 따라 가위로 자른다. 이때 정중앙을 기준으로 절반 이상을 자르도록 한다.

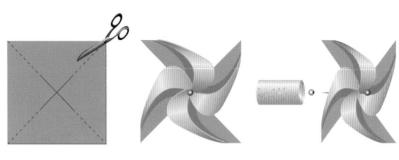

자체 제작한 바람개비는 선풍기를
옆에 틀어놓으면 돌아간다.

3단계
네 개의 날개를 모아 한가운데에 핀을 꽂는다.

4단계
핀의 다른 쪽 끝에 구슬을 연결한 후 코르크 마개에 꽂는다. 이로써
바람개비는 완성된다.

바람개비는 선풍기를 이용하거나 야외에서 돌릴 수 있다. 바람이
측면에서 많이 불수록 바람개비는 더 빨리 회전한다.

나무 바람개비 - 남아프리카의 놀이
나무 바람개비를 만들기 위해서는 대략 스무 개의 나무판자가 필요
하다. 나무판자는 너비 3cm, 길이 20cm, 두께 1cm 정도면 된다. 나
무의 크기는 그다지 중요하지 않다. 단지 길이가 길고 너비가 좁기만
하면 된다.

1단계
모든 나무판자의 한가운데에 구멍을 뚫고 끈을 집어넣어 연결한 다
음 꽉 조인다.

2단계

끈을 졸라맨 다음 맨 위와 아래 판자의 구멍에 접착제를 바른다.

3단계

판자의 모서리에 여러 가지 색을 칠한다. 이제 바람만 있으면 된다. 바람이 불지 않으면 선풍기를 이용해도 좋다. 측면에서 바람이 불게 만들면 판자에 토크가 생기고 날개들이 천천히 회전하기 시작한다. 판자들을 서로 엇갈리게 비틀어놓음으로써 다채로운 색깔의 무늬를 만들어낼 수 있다. 예를 들어 판자들을 단계적으로 약간씩 비틀어놓으면 나선형이 된다. 또는 처음 상태에서 짝수 판자들만을 비틀어놓으면 네 개의 날개가 생겨난다.

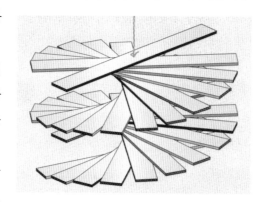

바람은 날개들을 회전시키며 마치 예술가처럼 신비로운 무늬를 만들어낸다.

얀의 꿈 속에서 바람은 점점 더 강해진다. 새들은 이미 안전한 바닥에 내려와 있다. 강한 바람 때문에 할아버지의 목소리마저 더 이상 들리지 않는다.

그 이유를 마리오트는 벌써 알고 있었다

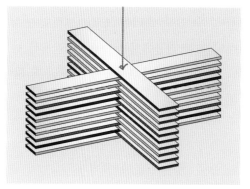

(121쪽 참조). 소리와 언어는 매개자로서 공기를 필요로 한다. 소리의 울림으로 인해 공기 분자들은 진동한다. 소리는 심지어 공기를 통해 매우 멀리까지 전달될 수 있다.

이것은 집에서 다음과 같이 샐러드 그릇으로 전화를 만들어 실험해볼 수 있다.

그릇으로 만든 전화

이 실험에 필요한 도구는 중간 크기의 바닥이 움푹 파인 그릇 두 개이다(그릇은 클수록 더 좋다).

그릇 하나를 앞에 놓고 조용히 속삭인다. 또 다른 그릇은 입구가 첫 번째 그릇을 향하도록 한 상태에서 몇 미터 떨어진 곳에 세워놓는다. 속삭임은 이 두 번째 그릇을 통해 들을 수 있다. 이것은 상당히 멀리 떨어진 거리에서도 가능하다. 포물경(포물선 모양의 오목 거울)을 이용하면 30m 이상 떨어진 거리에서 속삭이는 소리도 들을 수 있다. 그릇은 소리 전체를 모아서 귀와 입이 위치한 이른바 초점 속에서 반사한다.

몇 번 실험해보면 5m 거리에서는 이것이 얼마든지 가능하다는 것을 알 수 있다. 소리를 모으는 이러한 현상 덕분에 원형 홀이나 돔 형태의 교회 건물에서는 다른 쪽 끝에서 나누는 대화를 엿들을 수 있다. 또 더 잘 듣기 위해 손을 오므려 귀 뒤에 갖다대는 행위도 이러한 이유에서이다.

냄새와 기체

바람이 강하게 불 때 공기는 빨리 운동하면서 소리를 함께 실어간다. 그래서 바람이 불어오는 쪽에서 나는 소리는 잘 들리지 않는다. 할아버지의 경우엔 아무래도 상관없다. 그는 어차피 가는 귀가 먹었기 때문이다. 어쨌든 그는 바람 때문에 아무 소리도 들리지 않는다고 변명할 수 있다. 단 바람을 등지고 있을 때는 예외이다. 이때는 소리가 공기를 통해 귀에 잘 들어온다.

얀은 바람을 안고 할아버지를 향해 서 있기 때문에 그의 말을 잘 들을 수 있다. 갑자기 그는 할아버지의 파이프 담배 냄새를 맡는다. 공기는 소리 이외에 냄새도 멀리까지 전달하기 때문이다. 냄새는 코를 통해 인지하는 기체이다. 또 냄새는 특정한 종류의 수많은 작은 분자들로 이루어져 있으며 공기 속에 균등하게 퍼져 있다. 냄새는 바람의 진행 방향으로 나아간다. 그래서 사냥꾼들은 바람이 불어오는 방향으로 전진하면서 사냥감을 찾는다. 이렇게 하면 동물들은 사냥꾼의 낌새를 느끼지 못한다. 냄새가 공기 속에 멀리 퍼져나가는 현상은 일종의 소용돌이 대포를 이용하여 집에서도 쉽게 관찰할 수 있다.

소용돌이 대포

공기는 멀리까지 전달될 수 있다. 일종의 소용돌이 대포를 이용하여 실험해볼 수도 있다. 이 실험에는 통조

풍선을 씌운 면을 강하게 두드릴수록 동그라미 형태의 연기는 더 빨라지고 작아진다.

림 깡통, 깡통따개, 풍선, 고무줄, 판지, 접착제, 작은 가위 등이 필요하다.

1단계
먼저 깡통을 깨끗이 씻은 다음 깡통따개로 뚜껑과 바닥을 떼어낸다.

2단계
한쪽 끝에 풍선을 씌운 다음 고무줄로 졸라맨다.

3단계
한가운데 3cm 크기의 구멍을 뚫은 판지를 깡통의 다른 쪽 끝에 접착제로 붙인다. 이로써 소용돌이 대포가 완성된다.

4단계
판지 구멍을 통해 촛불이나 담배 연기를 깡통 안으로 불어넣는다. 풍선을 씌운 면을 가볍게 두드리면 반대편 구멍으로 동그라미 형태의 연기가 나와 한참 동안 그 모양을 유지한다. 풍선을 씌운 면을 강하게 두드릴수록 동그라미 형태의 연기는 더 빨라지고 작아진다.

한 번은 느린 동그라미를, 그 다음에는 빠른 동그라미를 만들어보자. 이런 방식으로 느리고 커다란 동그라미 안에 빠르고 작은 동그라미를 집어넣을 수도 있다.

동그라미 형태의 연기는 담배 연기로도 만들 수 있다. 이것은 입모양을 잠시 동그랗게 만든 상태에서 연기를 뿜어내면 가능하다. 물론 이와 동일한 방식으로 다양한 기체를 전달할 수 있다. 예를 들어 향수 냄새를 멀리까지 보낼 수 있다. 향수는 눈에 보이지 않지만 몇 미터 떨어진 사람의 코에 닿으면 효과가 집중적으로 발휘된다.

소용돌이 바람

얀의 꿈 속에서 폭풍우는 나무들이 뿌리째 뽑힐 정도로 심해졌다. 허리케인이나 태풍과 같은 소용돌이 바람이 가장 강력하다. 이러한 바람은 상당히 넓은 지역을 강타한다. 이른바 토네이도 역시 엄청난 속도를 지니고 있다. 이 회오리바람은 국지적인 범위에도 불구하고 가공할 만한 파괴력을 갖고 있다. 토네이도의 발생 과정을 집에서 손쉽게 실험해볼 수 있다.

병 속의 토네이도

잼이나 마요네즈를 담았던 빈 병에 물을 채우고 샴푸나 세제를 집어넣는다. 뚜껑을 꽉 닫은 다음 병을 한손에 집어든다.

손을 조심스럽게 원주 모양으로 움직이다가 회전 운동을 천천히 가속시킨다. 병의 회전 속도가 일정한 수준에 이르면 토네이도가 생겨

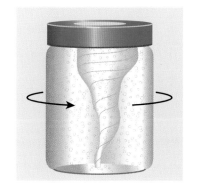

난다. 샴푸는 병의 한가운데를 축으로 하여 토네이도처럼 소용돌이를 일으킨다.

0에서 12까지의 풍력 단계는
영국의 해군 제독 프랜시스 보
퍼트(1774~1857) 경에 의해
만들어진 것이다. 풍력 단계가
0일 때 연기는 똑바로 올라가
고, 12단계는 '허리케인'을 의
미한다

보퍼트의 기준에 의한 풍력 단계

단계	특징	속도(km/h)	평균적인 파도 높이
0	연기가 똑바로 올라간다	0	0m
1	연기가 옆으로 날린다	1~5	0m
2	나뭇잎이 살랑거리고 얼굴에 바람이 느껴진다	6~11	0.2m
3	나뭇잎이 움직인다	12~19	0.6m
4	나뭇가지가 움직이고 먼지가 휘날린다	20~28	1m
5	작은 나무가 흔들리고 연의 줄이 끊어진다	29~38	1.8m
6	굵은 나뭇가지가 움직이고 우산을 펴기가 힘들다	39~49	3m
7	바람이 몹시 심해 걸어가기가 힘들다	50~61	4m
8	돌풍	62~74	5.5m
9	폭풍우, 지붕 벽돌이 날아간다	75~88	7m
10	강한 폭풍우, 나무가 뿌리째 뽑힌다	89~102	9m
11	위험한 폭풍우, 여러 방면의 손실	103~117	14m
12	허리케인	117 이상	14m 이상

풍력

바람의 세기는 보퍼트의 측정 기준에 따라 표기한다. 이러한 풍력 단
계는 1805년 프랜시스 보퍼트에 의해, 원래는 항해 목적으로 도입되
었으나 거의 200년이 지난 오늘날에도 사용하고 있다.

이밖에도 보퍼트는 지구상에서 종들의 진화를 연구한 찰스 다윈
경이 그 유명한 '비글' 호를 타고 항해 여행을 할 수 있도록 만들어주
었다.

0보퍼트는 바람이 없는 상태를 의미하며, 10보퍼트는 강한 폭풍우를 나타낸다. 또 다른 보퍼트 단계의 특징은 위의 도표와 같다.

허리케인이란 무엇일까

세계에서 가장 강력한 폭풍우를 대서양 지역에서는 허리케인, 태평양 지역에서는 태풍이라고 부른다. 이 폭풍우는 그 위력이 가공할 만하여 인근 지역에 엄청난 손실을 입힌다. 오늘날에도 허리케인의 발생과 진로는 정확히 예측할 수 없다. 이러한 폭풍우는 기상학자들을 수시로 당혹시킨다. 예를 들어 파괴력이 엄청난 허리케인 앤드루는 마이애미 근처에 위치한 허리케인 연구소를 덮치기도 했다. 그 동안 밝혀진 바에 따르면 허리케인은 지표면의 온도가 최소한 27℃가 될 때 발생한다. 이것은 위도상으로 적도에서 20°를 넘지 않는 바다 표면에서만 가능하다.

태양에 의해 데워진 물은 대기 중으로 증발한다. 이때 많은 에너지를 필요로 한다. 이것이 이른바 잠재적인 온기이다. 수증기는 뜨겁고 가벼운 공기와 함께 위로 상승한다. 그 대신에 차가운 공기는 위에서 아래로 몰아친다. 여기에서 바람과의 협력하에 일종의 순환이 일어난다. 공기와 물 분자들은 일단 운동하기 시작하면 지구의 자전 때문에 원의 형태로 상승한다. 그 이유는 코리

폭풍우는 대부분 8월에서 10월 사이에 서인도 제도와 미국의 남서쪽 주에 영향을 미친다. 바다에서 발생한 폭풍우는 육지에 가까워지면서 엄청난 파괴력을 지닌다. 통계에 따르면 매년 허리케인으로 인해 세계적으로 수천 명의 사람들이 집을 잃는다.

올리힘에 있다.

순환하는 기단

그래서 상승하는 기단은 순환하기 시작한다. 기단은 점점 더 높은 층
위에 도달하면서 다시 냉각되고 수증기는 물이 된다. 이로써 물이 데
워질 때 사용된 잠재적인 온기는 다시 해방되어 운동으로 전환한다.
이 과정에서 엄청난 바람 속도와 토크가 생겨난다. 물론 냉각된 공기
는 다시 밑으로 휘몰아치며, 이와 함께 순환이 완성된다. 공기 분자
들의 각운동량 보존 법칙에 따라 회전 속도는 폭풍우 중심과의 거리
가 짧을수록 더 커진다. 따라서 이른바 폭풍우의 눈 주변에는 최고
속도의 가장 위험한 바람이 불게 된다.

　허리케인은 코리올리힘과 잠재적인 온기를 이용한 거대한 태양력
발전소를 의미한다. 코리올리힘은 위도에 따라 커다란 편차를 보이
는데, 극지방에서 가장 높게 나타난다. 지표면이 지구의 회전축과 수
직을 이루기 때문이다. 또 적도 근처에서 가장 낮다. 그 동안 밝혀진
바에 따르면 허리케인의 발생에는 최소한 어느 정도의 크기를 지닌
코리올리힘이 필요하다. 그렇기 때문에 적도에서는 허리케인이 생기
지 않는다. 적도에서 남북으로 5°가 되는 지역부터 코리올리힘은 일
정한 세력을 형성한다. 따라서 허리케인과 태풍은 위도상으로 5°～
20° 사이에서 발생한다.

축구 경기장의 베르누이

얀은 향수 냄새와 점점 강해지는 바람 때문에 하마터면 꿈에서 깰 뻔했다. 만약에 그랬다면 그는 비행에 가장 중요한 사항, 즉 베르누이의 법칙을 빠뜨리고 넘어갔을지도 모른다. 왜냐하면 다니엘 베르누이의 발견이 없었다면 지금과 같은 비행은 불가능했을 것이기 때문이다.

이 유명한 법칙을 공식화하기 전에 베르누이는 상트페테르부르크에서의 생활을 마감한 후 먼저 아버지와 싸워야 했다. 원인은 프랑스 과학아카데미에서 아버지와 아들에게 공동으로 수여한 상 때문이었다. 아버지는 아들이 자신과 동급 수준으로 대우받는 것을 인정할 수 없었다. 결국 그는 아들을 집에서 내쫓았다. 3년 후 다니엘은 유체의 운동, 즉 유체 역학에 관한 책을 완성했다. 그 책에는 '유체 역학, 요한의 아들 다니엘 베르누이 지음'이라는 제목이 붙어 있었다. 그러나 이것도 아버지의 마음을 누그러뜨리지는 못했다. 이 책에서 그는 유체의 압력·밀도·속도 사이의 관계를 규명했다. 그는 상이한 속도로 인한 상이한 압력이 유체 속에 생성된다는 것을 보여주었다. 이러한 관계를 오늘날 '베르누이의 법칙'이라고 부른다. 이 책에는 이밖에도 동역학상의 기체 이론의 근거들이 담겨 있다. 1년 후 아버지도 유체 역학에 관한 비슷한 책을 출판했다. 그러나 이 책은 새로운 내용을 담지 못했을 뿐만 아니라 심지어 표절이라는 비난을 받기도 했다. 이러한 일로 말썽이 자주 생기자 다니엘은 결국 유체 역학에서

다니엘 베르누이

(1700~1782)

의사이자 수학자이며 물리학자였던 다니엘 베르누이는 1700년 1월 29일 네덜란드의 그로닝겐에서 태어났다. 아버지 요한은 그로닝겐 대학의 수학과 주임교수였다. 베르누이 가족은 다툼이 잦아 화목하지 못했다. 다니엘의 주된 관심은 수학이었다. 그러나 그의 아버지는 돈벌이가 되지 않는다는 이유로 심하게 반대했다. 그는 아들이 상인이 되기를 바랐으며 아들을 일찍 결혼시키려 했다. 이것이 아들의 심한 반발을 불러일으켰다. 그 결과 다니엘은 의학을 공부하기로 아버지와 합의했다. 1721년 다니엘은 바젤에서 의학 공부를 성공적으로 끝마쳤다. 그러나 그는 수학 연구를 계속했으며 1725년 상트페테르부르크의 교수 자리를 제안받았다. 그의 남동생 레오폴드가 그곳에서 교수 자리를 제안받고 나서야 다니엘은 먼 이국 땅으로 이사할 것을 결심했다. 레오폴드는 그곳에서 1년 후 폐결핵으로 죽었다. 그 후임자로 아버지는 레오폴드 오일러라는 전도 유망한 대학생을 보내 조교로 삼도록 했다. 오일러는 나중에 모든 시대를 통틀어 가장 유명한 수학자가 되었다. 그와 함께 베르누이는 인간의 혈압과 그 측정 방법을 연구했다. 두 사람은 이밖에도 유체의 운동에 관한 연구에 몰두했다. 1734년 베르누이는 바젤로 돌

아왔지만 아버지와의 사이는
더욱 벌어졌다. 그 이유는 이
책을 읽다보면 알 수 있다.

손을 뗐다. 1782년 3월 17일 사망할 때까지 그는 천문학, 만유인력,
썰물과 밀물, 자기학, 해류, 바다에서 선박의 반응, 의학, 생리학에
관한 논문을 발표했으며 수많은 상과 훈장을 받았다.

기체와 유체는 수많은 미세한 부분인 분자들로 이루어져 있다(115
쪽 참조). 이것은 마치 군중이 수많은 사람으로 이루어져 있으며 교
통이 정체된 구간에는 수많은 자동차가 몰려 있는 것과 같다. 베르누
이는 이러한 군중의 움직임에서 어떤 법칙성을 발견했다.

베르누이의 법칙

얀은 축구 경기가 끝난 뒤 경기장을 떠나려는 군중들에 관한 꿈을
꾼다. 사람들은 경기장의 문을 빠져나와 가능한 한 빨리 주차장이나
정류장에 가려고 한다. 이때 목표에 도달하는 길은 여러 가지이다.
어떤 길은 비좁아 정체가 일어나고 사람들의 움직임이 느려져 밀린
다. 비좁은 부분이 없으면 훨씬 빨라지고 정체도 사라진다. 어떤 길
이 다른 길에 비해 더 길수록 그 길의 흐름은 더 빨라진다. 그 이유는
이 길을 이용하는 사람들의 밀도가 작아서 더 넓은 공간이 생기기 때
문이다. 군중의 움직임이 빠를수록 앞 사람과의 거리는 더 커진다.
이것은 정체 상태에 있는 자동차들과 유체 또는 기체 상태의 분자들
에도 똑같이 적용된다. 분자들이 나아갈 수 있는 구간이 길수록, 그
리고 마찰 저항이 작을수록 분자들은 더 빨리 전진 운동을 한다. 분
자들이 빠르게 움직일수록 거리는 멀어지고 밀도는 더 줄어든다. 밀
도가 이 지점에서의 압력을 결정한다. 바로 이것이 베르누이의 법칙
이다. 즉 어느 지점에서 기체 또는 유체 분자들의 속도가 빨라질수록
이 부분에서의 압력은 줄어든다. 이러한 현상은 집에서 여러 가지의

유체 역학
유체 역학(물과 힘이라는 의미
의 그리스어 'hydro'와 'dyna-
mis'에서 유래)은 주날개(유
체 역학적인 부력) 이론 및 터
빈, 프로펠러, 배관 시스템, 스
크루, 공기 역학적인 장점을
지닌 차량 형태 등의 개발에
이용된다.

흥미로운 실험을 통해 확인할 수 있다.

베르누이 효과

공중에 떠다니는 종이

이 실험에는 한가운데에 구멍이 뚫린 실패가 필요하다. 책상 위에 놓여 있는 종이를 어떻게 손을 대지 않고 위로 들어올릴 수 있을까?

이것은 실패의 구멍을 통해 공기를 빨아들이면 가능하다. 부압(負壓: 대기의 압력보다 낮은 압력)으로 인하여 종이는 실패에 달라붙는다. 이러한 묘기는 정반대의 방법을 통해서도 할 수 있다. 실패 구멍에 힘껏 입김을 불어넣어

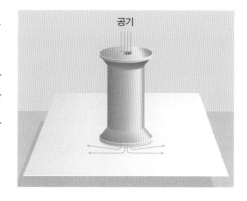

보자. 종이는 원래 실패에서 떨어져나가는 것이 정상이다. 그러나 종이는 실패 밑에 달라붙어 공중에 뜬다.

그 이유는 베르누이 효과에 있다. 공기는 실패의 구멍을 통해 빠른 속도로 흘러간다. 이때 빠른 공기 분자들은 종이의 상단부에서 종이 표면을 따라 사방으로 빠져 달아난다. 빠른 속도로 인해 이 분자들은 종이를 들어올려 실패에 압착시키는 부압을 만들어낸다. 따라서 입김을 불어넣으면서 실패를 들어올리면 종이가 공중에 뜬다.

이 실험이 보여주듯이 탁구공에서도 무엇인가를 배울 수 있다. 그것이 바로 베르누이 효과이다. 탁구공이 여기에서 춤을 추는 것은 중력과 아래에서 위로 향하는 공기 바람 사이의 상호 작용 때문이다.

춤추는 탁구공과 완벽한 자유 낙하

선풍기나 청소기의 흡입구를 이용하여 탁구공을 공중에 뜨게 만들 수 있다.

1단계

선풍기나 청소기의 흡입구를 수직으로 세우고 작동시킨다. 선풍기에 과부하가 생기지 않도록 조심한다.

2단계

탁구공을 안전망 위에 올려놓는다. 탁구공은 이리저리 춤을 추지만 안전망 밖으로 빠져 달아나지는 않는다. 그 이유는 공을 밑으로 내리누르는 중력과 공을 위로 밀어올리는 공기 바람 사이의 상호 작용 때문이다. 하지만 공은 마치 눈에 보이지 않는 병 속에 들어 있는 것처럼 일정한 범위 내에 머무른다. 이것 역시 베르누이 효과이다. 선풍기에서 나온 빠른 공기는 부압을 만들어낸다. 외부의 더 높은 기압이 공을 계속 '공기로 이루어진 감옥' 으로 밀어넣는다.

3단계

공기 바람을 점점 더 강하게 불어넣어 공을 원래의 범위 밖으로 밀어내보자. 이것은 그 힘이 매우 클 때 가능하다. 선풍기를 수직 상태에서 점점 기울이면 공은 안정된 상태를 유지한다. 공은 여전히 공기의 선으로 이루어진 일종의 깔때기 안에 들어 있다. 공을 외부에서 공기의 선 안으로 던져넣을 때도 베르누이의 법칙이 적용된다. 정상적인 경우라면 이것은 완전히 불가능하다. 그러나 공기 감옥으로 들어가는 뒷문이 있다.

공기 감옥

공을 공기의 선 밖으로 끄집어내기 위해서는 상당한 힘이 필요하다. 공은 '공기로 이루어진 감옥' 안에서 비교적 안정된 상태를 유지하기 때문이다.

4단계

공을 상당히 높은 위치에서 포물선 형태로 던져보자. 공기의 선은 위로 올라갈수록 더 약하다. 안정된 상태를 유지하는 공기와의 마찰로 인해 제동이 걸리기 때문이다.

따라서 포물선으로 던진 공은 공기의 선 안으로 들어간다. 공기의 선의 아킬레스건을 찾아낸 것이다. 공은 마치 궤도 위를 지나듯이 밑으로 떨어진다. 이것은 모든 농구선수의 꿈일지도 모른다.

좀더 큰 장비를 갖추면 농구에서 자유투를 완벽하게 성공시킬 수 있다. 그러기 위해서는 농구골대의 그물망 아래에 강력한 송풍기를 설치하여 그물망 내부의 공기를 가둬놓아야 한다. 그러면 그물망 근처로 던진 공은 틀림없이 그 안으로 빨려들어 간다. 이를 통해 세계적인 농구 리그에서의 자유투 성공률을 현저하게 개선할 수 있다. 참고로 미국 농구 리그 NBA 몇몇 팀의 자유투 성공률을 소개하면 옆과 같다.

높은 성공률

1997/1998년 시즌(1998년 2월 8일 기준) 미국 농구 리그 NBA 몇몇 팀의 자유투 성공률

1. 애틀랜타 호크스:77.2%
2. 휴스턴 로키츠:77.1%
6. 인디애나 페이서스:76.0%
8. 유타 재즈:75.7%
14. 시애틀 슈퍼소닉스:73.6%
15. 마이애미 히츠:73.5%
16. 시카고 불스:73.4%
28. 샌 안토니오 스퍼스:68.5%
29. L.A. 레이커스:68.4%

농구골대의 그물망 아래에 강력한 송풍기를 설치하여 그물망 내부의 공기를 가둬놓으면 공은 마치 궤도 위를 지나듯이 그물망 안으로 떨어진다.

깔때기

탁구공을 플라스틱 깔때기 안에 집어넣는다. 깔때기 관을 통해 입김을 불어넣어 탁구공이 깔때기 밖으로 튀어나가도록 시도해본다.

이것은 불가능하다. 입김을 아무리 세게 불어도 마찬가지다. 베르

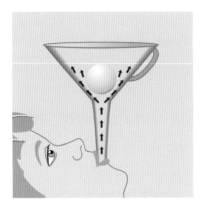

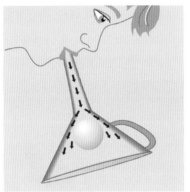

누이 효과 때문이다. 공기는 깔때기 입구로 빠져나간다. 이 때문에 강력한 부압이 생겨나고 공을 끌어당기는 역할을 한다.

여기에서 공기는 공과 직접 충돌하지 않고 공을 비껴 깔때기 벽을 따라 흐른다. 그럼으로써 공은 깔때기 바닥에 압착된다.

이 묘기는 입김을 불어넣은 상태에서 깔때기 입구를 아래로 돌려도 여전히 성공한다. 물론 깔때기 입구가 완전히 밑을 향하기 전까지만 가능하다.

자메이카의 부유 기계

이 장비는 만들기가 쉽지 않지만 그만한 가치가 있다. 이 아이디어는 자메이카에서 유래한 것이다. 재료로는 대나무처럼 속이 빈 약 20cm 가량의 나무 관과 속이 빈 약 4cm의 가느다란 관이 필요하다. 그밖에 단단한 철사, 약간의 스티로폼, 주머니칼, 접착제 등을 준비한다.

1단계

긴 나무 관의 끝에서 4cm 떨어진 부분에 작은 관이 들어갈 수 있도록 구멍을 뚫는다. 작은 관을 수직으로 꽂는다. 이때 그 끝이 큰 관의 바닥에 닿지 않아야 한다. 틈새를 접착제로 발라 밀봉한다.

2단계

작은 관에서 가까운 쪽의 큰 관 끝 부분도 밀봉한다. 그 끝의 바로 앞에 작은 구멍을 내고 단단한 철사를 수직으로 고정시킨다. 두 겹의 철사를 감아 올려서 튼튼하게 만든다.

3단계

철사를 10cm 정도의 높이에서 오른쪽으로 구부려 농구골대 모양의 고리를 만든다.

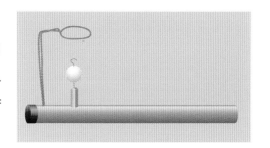

4단계

스티로폼으로 지름 2cm 크기의 공을 만든 다음. 농구골대 모양의 고리를 만들고 남은 철사로 공의 한가운데를 관통시킨다. 이때 철사가 공의 양끝으로 3cm 정도 튀어나오도록 한다.

5단계

공의 한쪽 끝 철사를 갈고리 모양으로 구부린다. 그 부분이 위로 향한 상태에서 공을 작은 관에 꽂는다.

막지 않은 큰 관의 한 끝에서 조심스럽게 입김을 불어넣으면 스티로폼 공이 공중에 뜬다. 그 공은 공기의 선 내부에서 안정된 상태를 유지한다. 베르누이 효과 때문이다. 부압으로 인해 공은 자신의 궤도를 벗어나지 않는다. 어느 정도 연습하면 공의 갈고리를 농구골대 링에 걸 수 있다.

공중에 뜨는 스티로폼 공
이 실험에서 스티로폼 공을 공중에 띄우려면 큰 관에 조심스럽게 입김을 불어넣어야 한다. 베르누이 효과로 인해 공은 공기의 선 내부에서 안정된 상태를 유지한다.

정반대의 경우도 실험해볼 수 있다. 링의 위치에서 공에 입김을 불어넣으면 공은 출발 지점으로 되돌아온다.

신기한 음료수 빨대 묘기

음료수 빨대를 입으로 빨아올리지 않고 어떻게 물잔 안에 든 물을 끌어올릴 수 있을까?

물론 이 묘기 뒤에는 베르누이의 법칙이 숨겨져 있다. 음료수 빨대를 물 속에 수직으로 꽂은 다음 그 끝을 겨냥하여 입김을 강하게 불어보자. 이때 생긴 부압이 물을 위로 끌어올린다.

빨대 상단부 끝의 부압이 물을 위로 끌어올리는 작용을 한다.

진공 펌프도 이러한 원리에 따라 기능한다. 빠른 공기의 선으로 인하여 강한 부압이 생겨나 공기는 점점 더 많이 용기에서 빠져 달아난다.

라이트 형제와 비행의 비밀

비행도 베르누이의 원칙으로 설명할 수 있다. 이 '비밀'을 이용하면 새나 곤충, 심지어는 비행기도 날 수 있다. 날기 위해서는 날개가 필요하다. 날개는 특정한 형태를 지니고 있다. 즉 날개의 아랫부분은 평평하고 윗부분은 가운데가 불룩하다. 그 재료가 가벼운 깃털이냐, 또는 무거운 금속이냐 하는 것은 아무래도 상관없다. 중요한 것은 모든 날개가 동일한 형태를 지니고 있다는 점이다. 공기는 날개의 평평한 아랫부분보다 불룩한 윗부분에 접하는 면이 더 넓다. 따라서 공기 분자들은 날개 윗부분에 더 많은 자리를 차지하며 더 빠른 속도로 흐른다.

이것은 최소한 회오리바람의 방해를 받지 않고, 날개와의 마찰력이 위와 아래에서 비슷하다는 전제하에서 적용된다.

비행 날개의 원칙

양력은 뉴턴의 운동 법칙을 통해서도 설명할 수 있다. 이를 위해서 공기가 날개를 통과하기 전후의 흐름을 관찰해보자. 날개 아래의 공기는 거의 변함없이 직선으로 흐르는 반면에 날개 위의 공기 흐름은 원래의 방향에서 심하게 굴절한다. 날개의 끝에서 이 흐름은 뚜렷하게 아래로 향한다. 뉴턴의 제2법칙에 따르면 이러한 공기 흐름이 굴절할 때의 힘은 날개의 양력과 똑같다.

베르누이의 법칙
베르누이의 법칙에 따르면 압력은 공기의 속도에 좌우된다. 따라서 날개 아래보다 위에서 압력이 더 작다. 이렇게 해서 날개에 양력이 생긴다.

미국적인 성공의 전형, 최초의
모터 비행의 역사. 그 주인공
은 오하이오주 데이턴 출신의
윌버 라이트와 오르빌 라이트
형제이다. 그들은 젊은 시절부
터 손재주가 좋았다.

오르빌(1871~1948)은 처음에
기계로 조작하는 간단한 장난
감을 만들었으며 나중에는 인
쇄기와 자전거를 제작했다.

윌버(1867~1912)는 청년 시
절에 새로운 인쇄기를 이용하
여 〈데이턴 오하이오 웨스트
사이드 뉴스〉라는 신문을 발간
했으며 오르빌과 함께 자전거
상점을 열었다.

19세기에서 20세기로 바뀌는
전환기에 두 형제는 공중 비행
에 관심을 갖기 시작했다. 그
들은 당시의 기술 수준을 면밀
하게 연구하여 1900년에 연과
행글라이더를 만들었다. 그들
이 기술적인 성취를 이루어내
는 데는 무엇보다도 독일인 기
술자 오토 릴리엔탈과 미국인
옥타브 샤누트의 지식이 밑거
름이 되었다. 릴리엔탈은 1891
년 처음으로 행글라이더를 타
고 비행하는 데 성공했다. 그
러나 얼마 후 비행 사고로 죽
고 말았다.

1901년에 라이트 형제는 오르
빌이 새로 개발한 송풍기를 이
용하여 200여 가지에 달하는
날개 형태를 실험했다. 이것이
기술적으로 엄청난 도약을 가
져왔으며 1903년 최초의 모터
비행을 가능케 했다.

비행 날개 만들기

간단한 비행 시범을 보여주기 위한 재료로는 A4 종이 한 장, 연필, 접착제, 음료수 빨대 두 개, 노끈, 헤어드라이어 등이 필요하다.

1단계

종이를 접는다. 이때 한쪽 면이 다른 쪽 면보다 2cm 정도 튀어나오도록 한다.

2단계

양끝을 접착제로 붙인다. 긴 쪽의 종이 면이 자동적으로 비행 날개처럼 구부러진다.

3단계

날개의 양쪽 끝에 연필로 구멍을 뚫는다.

4단계

각각의 구멍에 음료수 빨대를 꽂는다. 빨대 안에 노끈을 집어넣고 양끝을 책상이나 의자, 또는 바닥에 고정시킨다. 이때 날개가 위 아래로 움직이지 않도록 주의한다. 이제 첫 번째 이륙 실험을 위한 모든 준비가 끝났다. 이 장비는 어떤 기능을 할까?

5단계

헤어드라이어를 작동시킨다. 어떤 일이 벌어질까?

헤어드라이어가 날개 바로 옆에 있을 때 날개는 위로 올라간다. 이러한 설비는 여러 가지 형태의 양력을 실험하기 위한 간단한 송풍관으로 생각할 수 있다. 날개를 상승시키기 위해 헤어드라이어를 더 가까이 갖다댈수록 날개에 작용하는 양력은 더 작아진다. 이것은 날개의 윗면과 아랫면 사이의 높이가 1cm밖에 되지 않을 때 나타난다. 이 날개를 들어 올리기 위해서는 더 많은 풍력이 필요하다. 날개의 높이가 2cm 이상인 경우에는 정반대

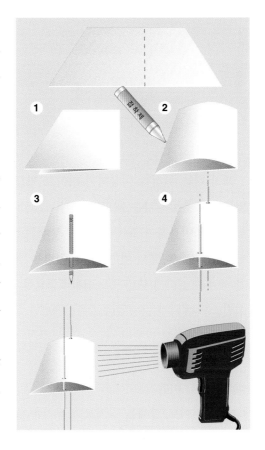

의 현상이 나타난다. 이때는 헤어드라이어를 약간 더 멀리에서 갖다대도 날개는 충분한 양력을 얻는다. 이와 같은 방식으로 다양한 날개 형태를 실험할 수 있다. 예를 들어 날개를 구부러뜨리거나 잡아찢으면 어떤 일이 벌어질까?

　새나 비행기는 일단 날기 시작하면 상승기류를 이용하여 양력을 계속 얻을 수 있다. 이때 날개의 일부분은 비스듬한 형태를 지닌다. 이를 통해 날개의 수평 운동의 힘이 공기에 맞서 위로 방향 전환한다. 이러한 원칙은 자동차 안에서 간단하게 실험할 수 있다. 차가 달

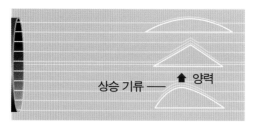

상승 기류 ── ↑ 양력

리는 동안 차의 진행과 반대 방향으로 손을 차창 밖으로 비스듬히 뻗어보자. 자동차가 빨리 달릴수록 손은 더 강하게 위로 올라간다.

새가 나는 원리를 이용하여 라이트 형제는 1903년 처음으로 모터 비행기를 출발시키는 데 성공했다. 그 전에 두 사람은 자체 개발한 송풍관을 이용하여 200여 가지에 달하는 날개 형태를 실험했으며 3년 만에 최초의 모터 비행기를 제작하는 개가를 올렸다. 이러한 기술은 세계를 놀라게 했다. 그 시대의 중요한 물리학자로 손꼽히던 로드 켈빈스도 예외가 아니었다. 그는 1895년 "공기보다 무거운 비행기는 있을 수 없다"고 말했다.

최초의 모터 비행기

1902년 라이트 형제는 공기보다 무거운 글라이더를 출발시켰다. 두 사람은 그 정도의 성과에 만족하지 않았다. 그들은 최초의 프로펠러와 방향키(꼬리 날개에 수직으로 달려 비행기의 방향을 조종하는 장치 - 옮긴이)를 개발했으며 최초의 모터 비행기를 위한 모터를 제작했다. '플라이어1'이라 이름붙인 이 비행기와 함께 그들은 1903년 12월 17일 시속 40km의 바람이 부는 가운데 노스캐롤라이나주 키티 호크 근방의 비행장에 있었다. 강풍이 부는데도 그들은 이륙을 감행했다. 이로써 오르빌 라이트는 인류 최초의 모터 비행기 조종사가 되었다. 비행기는 12초 동안 37m를 날아갔다. 같은 날 두 사람은 여러 번의 시도를 했으며, 최고 기록은 59초 동안 260m를 날아간 것이었다. '플

모터 비행의 쾌거
미국인 찰스 린드버그는 1927년 5월 21일(출발:5월 20일, 비행 시간:33시간 30분) 처음으로 뉴욕에서 파리까지 논스톱 대서양 횡단 비행에 성공했다. 그 이후로 모터 비행의 기록을 갱신하려는 시도가 계속 이어졌다.

라이어1'은 현재 워싱턴 소재의 국립 항공우주박물관에 키티 호크라는 이름으로 소장되어 있다. 이 역사적 사건의 목격자는 다섯 명에 불과했기 때문에 라이트 형제가 인정을 받기까지는 오랜 시간이 걸렸다. 그러나 그들의 기술은 뛰어난 것이어서 1908년에 이미 세계적으로 유명해졌으며 유럽에서도 비행 시범을 보일 수 있었다. 물론 그들은 비행기 부품들을 배로 유럽까지 가져가야 했다.

헬리콥터와 보리수나무 씨앗

꿈 속에서 얀은 1907년으로 거슬러올라간다.

1907년 11월 13일, 프랑스인 폴 코르뉘는 외부의 도움 없이 최초로 헬리콥터 비행에 성공했다. 헬리콥터 비행의 원칙 역시 날개에 근거한다. 날개들은 원형으로 배열되어 있으며 모터에 의해 회전한다. 이러한 원칙은 옛날 중국에서 이미 장난감에 적용했다. 그 장난감은 원형으로 배열된 날개들이 달린 팽이로, 수직으로 상승한다. 이러한 장난감은 오늘날에도 찾아볼 수 있다. 이것은 물론 집에서도 쉽게 만들 수 있다.

가을에 주위를 떠다니는 보리수나무 씨앗이나 단풍나무 씨앗도 헬리콥터 날개와 비슷한 형태를 가지고 있다. 예를 들어 그것을 높은 다리 위에서 떨어뜨리면 경이로운 회전을 관찰할 수 있다. 이런 날개 형태로 인하여 씨앗들은 헬리콥터와 마찬가지로 낙하 운동에 강하게 제동을 거는 힘찬 양력(부력)을 얻는다. 물론 이 양력은 결코 중력보다 크지 않다. 그래서 씨앗들은 헬리콥터의 착륙 때처럼 나선형으로 움직이며 부드럽게 바닥에 내려앉는다. 이러한 현상은 씨앗의 날개를 회전시키지 않고 공중에 높이 던질 때도 나타난다. 씨앗들은 다시 회전하며 밑으로 내려온다. 씨앗의 양끝에 미리 물감을 칠해놓으면 비행 궤적이 뚜렷이 드러난다.

헬리콥터 만들기

재료로는 풍선, 주름 잡힌 음료수 빨대 세 개, 얇고 투명한 종이, 코르크 마개, 지름 2cm 정도의 플라스틱 관, 가위, 접착제, 라이터 등이 필요하다.

1단계
먼저 플라스틱 관을 3cm 길이로 자른다. 이 관에 구멍 세 개를 뚫는다. 이때 구멍의 크기는 음료수 빨대가 들어갈 수 있을 정도가 되어야 한다.

2단계
구멍의 한쪽 끝에 코르크 마개를 끼운다. 음료수 빨대를 절반 길이로 자른 다음 플라스틱 관의 구멍에 접착시킨다. 빨대의 주름에서 끝 쪽으로 4cm 떨어진 부분을 라이터 불로 녹인다. 그 부분은 열을 받아 길게 늘어지면서 오그라든다.

3단계
빨대의 녹은 부분이 식을 때까지 기다린다. 그 끝 부분을 가위로 0.5cm 정도 잘라 매우 작은 입구를 만든다. 이제 빨대의 끝은 노즐 모양을 하고 있다.

4단계
플라스틱 관을 똑바로 세운다. 이때 입구가 밑을 향하도록 한다. 빨대의 주름을 90°로 구부린 다음 그 끝이 약간 밑을 향하도록 한다.

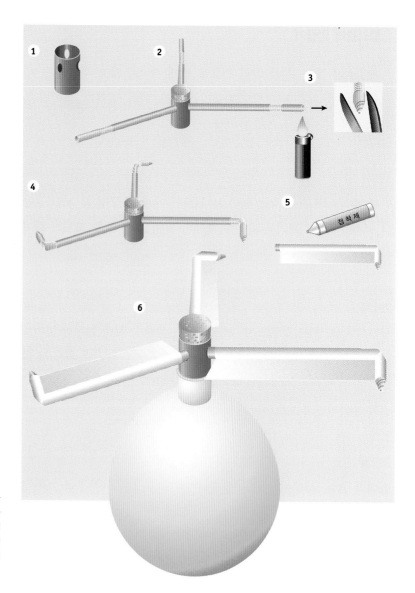

특이한 비행 성질로 인하여 헬리콥
터는 정상적인 비행기로는 불가능
한 일을 할 수 있다. 하지만 정상적
이 비행기에 비해 헬리콥터는 비행
거리가 짧고 속도가 느리다는 단점
이 있다.

5단계

빨대 길이에 맞게 얇은 종이를 잘라낸 다음 접착제로 붙인다.

6단계

풍선에 바람을 집어넣은 다음 그 입구에 플라스틱 관을 끼운다. 이 헬리콥터는 손에서 떠나자마자 회전하기 시작하여 위로 상승한다. 공기는 음료수 빨대의 좁은 구멍을 통해 빠른 속도로 빠져나가면서 회전 날개를 움직이게 만든다.

헬리콥터는 어떻게 기능할까

헬리콥터에 관한 최초의 그림은 1480년 레오나르도 다 빈치가 그렸다. 그는 ─ 최소한 종이 위에서는 ─ 회전하며 수직으로 상승하는 공기 프로펠러를 설계했다. 실제로 이륙 가능한 최초의 헬리콥터는 1939년 러시아인 이고르 시코르스키가 미국에서 개발했다. 헬리콥터의 비밀은 베르누이의 법칙과 밀접하게 연관되어 있다. 날개들은 원형으로 배열되어 있으며 모터에 의해 빠른 속도로 회전한다. 날개들은 상단부의 공기가 하단부에서보다 빠른 속도로 더 먼 거리를 지나가도록 만들어져 있다. 따라서 날개에 양력이 생긴다. 비행기와 달리 헬리콥터는 이륙할 때 수평 운동에 의한 가속이 필요하지 않다. 그래서 헬리콥터는 수직으로 이륙할 수 있으며 활주로가 필요 없을 뿐만 아니라 공중에 정지 상태로 있어도 추락하지 않는다. 또한 헬리콥터는 앞과 옆, 뒤로 날 수 있으며 자신을 축으로 하여 회전할 수도 있다. 이것은 회전 날개의 운동축과 회전 날개 자체에 의해 가능하다. 이러한 장점들로 인해 헬리콥터는 험준한 지역에서의 수송 및 응급 활동에 적합하다.

"헬리콥터의 몸체는 왜 회전하지 않을까요?" 얀이 묻는다.

"좋은 질문이다." 할아버지가 말한다.

얀은 비록 꿈 속이지만 자신이 던진 질문에 스스로 놀란다. "각운

전진 운동과 후진 운동

헬리콥터에서 앞으로 기울어진 날개는 전진 운동을, 뒤로 기울어진 날개는 후진 운동을 위한 것이다. 비스듬히 세워진 날개는 측면 운동에 쓰인다.

동량 보존 법칙에 따르면 헬리콥터는 원래 날개의 회전과 반대 방향으로 회전해야 하잖아요."

"맞는 말이다. 단순한 헬리콥터는 실제로 동체가 회전할 거야. 이처럼 헬리콥터 동체의 쓸데없는 회전은 꼬리 부분의 수직 프로펠러(이른바 꼬리 회전 날개)에 의해 방지된단다. 그것은 회전 운동을 상쇄하는 방식으로 설계되어 있어. 어떤 헬리콥터는 서로 다른 방향으로 회전하는 두 개의 수평 프로펠러를 가지고 있단다."

투, 원, 제로······ 발사!

비행에 관한 얀의 꿈은 절정에 이른다. 그는 로켓에 관한 꿈을 꾸고 있다. 헬리콥터와 마찬가지로 로켓도 수직으로 이륙한다. 로켓 하나가 매사추세츠주 어번에 위치한 에피 고더드의 정원에서 출발을 기다리고 있다. 그녀는 로켓 비행의 아버지인 로버트 고더드의 숙모이다. 이 로켓은 산소와 벤젠을 혼합한 액체 연료를 사용하여 2.4초 동안 14m 높이를 날아간 후 이웃의 배추밭에 떨어진다. 이것은 1926년 3월 16일의 일이었으며 근대 로켓 비행의 효시로 간주된다. 이 로켓은 처음으로 액체 추진 연료를 사용하였다.

우주 왕복선

우주 왕복선과 마찬가지로 로켓이 출발될 때도 힘은 바닥이나 발사대에 전달되지 않는다. 우주선을 지구 궤도에 올려놓기 위해서는 연료의 엄청난 연소 온도에 기초한 막대한 추진력이 필요하다. 연소실은 그러나 일정 온도 이상을 견뎌낼 수 없다. 우주선을 지구 궤도에 올리는 데 필요한 연료의 온도는, 연소실의 재질이 견뎌내기에는 너무 높다는 사실이 밝혀졌다. 연소실은 타버릴지도 모른다.

이 문제를 해결하기 위해 다단식 로켓을 사용하는 방법이 개발되었다. 여러 개의 독자적인 로켓이 차례로 사용된다. 출발 시에는 먼저 맨 아래의 가장 크고 무거운 제1단 로켓이 점화된다. 이것은 완전히 연소되면 본체에서 떨어져나간다. 마지막의 가장 작은 로켓에 우

헤르만 오베르트 박물관
로켓 기술 발전에 크게 공헌한 헤르만 오베르트가 살았던 뉘른베르크 부근의 집을 현재 박물관으로 사용하고 있다. 그곳에 가면 이 유명한 물리학자에 관한 모든 전시품을 관람할 수 있다.

우주 왕복선에는 45m 길이의 고체 로켓 엔진 두 개가 장착되어 있으며 세 개의 액체 엔진에 의해 발사되는 로켓 차량이다. 최초의 유인 실험 비행은 1978년에 이루어졌다.

주선이 실려 있다. 달에 모든 아폴로 우주선을 실어보낸 미국의 새턴-V 로켓은 지금까지 가장 강력한 것으로서 차례로 점화되는 3단 로켓이다. 다단식 로켓의 장점은 비행 시간이 늘어날수록 가속이 필요한 로켓 전체의 무게가 줄어든다는 것이다.

공기 압력 로켓 만들기

사전 연습

풍선에 공기를 집어넣은 다음 손가락으로 입구를 막는다. 풍선 내부의 공기는 풍선을 확장시키는 역할을 한다. 풍선 입구에서 손가락을 빼보자. 풍선은 다시 쭈그러들면서 공기를 입구로 한꺼번에 내보낸다. 이때 풍선은 로켓과 마찬가지로 반대 방향으로 가속된다. 로켓과의 차이는 공기가 노즐을 통해 분사되지 않는다는 점이다. 따라서 풍선의 비행 방향은 통제하기 어렵다.

공기 - 물 - 로켓

로켓 본체는(1.5*l* 터에서 2*l* 정도의) 플라스틱 병을 이용할 수 있다. 그 밖의 재료로는 병의 입구에 맞는 코르크 마개, 자전거용 펌프, 축구

로켓의 추진 장치는 어떻게 기능할까

오랫동안 사람들은 로켓이 진공 상태인 우주에서는 작용하지 않을 것이라고 생각해왔다. 로켓이 '더 이상 대응 압력을 받지 않을 것이다'라는 판단 때문이다. 그러나 사실은 정반대이다. 로켓은 진공 속에서 최상으로 기능한다. 로켓 운동에 대한 공기 마찰이 없기 때문이다. 로켓은 연소실의 커다란 공간 내부에서 연소된 연료의 분사에 의해 가속된다. 바깥쪽으로 점점 더 넓어지도록 특수하게 설계된 노즐이 연료를 가능한 한 빨리 분사시킨다. 이렇게 분사된 연료는 상당한 운동량을 지니고 있다. 전체 운동량은 일정해야 하기 때문에 로켓은 강력하게 앞으로 나아간다. 이것은 로켓의 주변 환경과는 전혀 무관하다. 심지어는 로켓을 잠수함에서 발사해도 아무 문제가 없다.

진공 속에서의 로켓
로켓은 공기 마찰이 생기지 않는 진공 속에서 최상으로 기능한다. 로켓은 연소된 연료의 분사에 의해 가속된다.

공이나 배구공에 공기를 집어넣는 데 쓰는 끝이 뾰족하고 긴 밸브, 가위, 송곳, 딱딱한 판지, 접착제 등이 필요하다. 준비가 완료되면 카운트다운이 시작된다.

Fire:송곳으로 코르크 마개에 구멍을 뚫고 밸브를 끼운다. 필요한 경우에는 점토나 껌으로 틈새를 메운다.

Four:딱딱한 판지에 세 개의 날개를 그린 다음 오려낸다. 그것을 병의 위쪽 끝에 접착제로 붙인다.

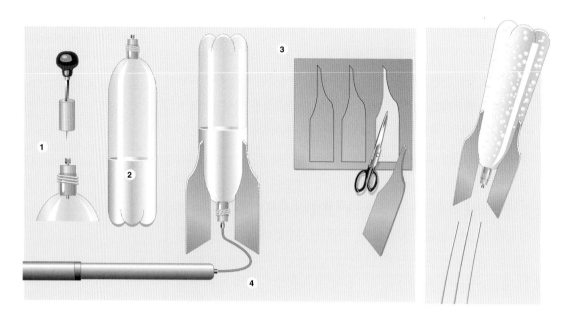

자체 제작한 로켓은 뒤로 뿜어내는
공기와 물에 의해 발사된다.

Three:병의 4분의 1 정도를 물로 채운다. 밸브가 달린 코르크 마개
를 병 입구에 끼운다. 그것을 호스로 자전거용 펌프에 연결한다.

Two:로켓을 안전한 야외에 세워놓는다. 그 장소로는 사람이나 가
옥, 전기 시설과 멀리 떨어진 들판이 좋다. 병은 입구를 밑으로 하여
날개가 지탱할 수 있도록 세운다.

One:공기를 조심스럽게 로켓 안에 집어넣는다. 이때 로켓과 충분
한 안전 거리를 유지한다. 로켓의 공기 압력은 점점 증가하여 결국에
는 코르크 마개가 압력을 이기지 못하고 튀어나간다.

…Zero:발사! 로켓은 뒤로 뿜어내는 공기와 물에 의해 발사되어
하늘로 올라간다.

휴스턴, 응답하라……!

물은 일반적으로 높은 압력에 의해 분사되는 공기보다 질량이 훨씬 크기 때문에 발사에 중요한 역할을 한다. 이 때문에 후진 방향의 운동량과 함께 로켓에 대한 반작용의 힘도 훨씬 커진다.

우주 정복

유인 우주선의 역사는 소련에서 시작했다. 소련은 최초의 인공 위성(스푸트니크1, 1957년 10월 4일)과 최초의 인간(유리 가가린, 보스토크1, 1961년 4월 12일)을 우주로 쏘아올렸다. 이와 함께 우주를 둘러싼 경쟁의 막이 올랐다. 그 결과 최초의 인간이 달에 착륙했다. 이번에는 미국인(닐 암스트롱, 아폴로11, 1969년 7월 21일)이었다. 한때 미국에 두려움을 안겨준 소련의 우주 비행 프로그램은 기껏해야 자국의 우주 비행사들에게 두려움을 안겨주는 수준으로 전락하고 말았다. 우주 비행은 미국과 러시아를 비롯하여 16개국이 참여한 우주 정거장의 건설로 새로운 국면을 맞고 있다.

비행에 관한 꿈 속에서 얀과 할아버지는 로켓과 함께 날아간다. 상당히 높은 위치에서 그들은 파란색의 행성인 지구를 다시 한 번 내려다본다. 지구는 표면의 71% 정도가 물로 이루어져 있기 때문에 파랗게 보인다. 얀과 할아버지는 대륙에서 멀리 떨어져 태평양 한가운데에 있는 하와이로 날아간다.

위험한 실험

1500년경의 중국에서 유래한 흥미로운 이야기에 따르면 중국인 완 후는 아마도 최초의 우주 비행사였다. 그는 의자에 몇 개의 연을 연결한 다음 거기에 수많은 군사용 로켓을 부착했다. 불을 붙이자 거대한 폭발이 일어났다. 자욱한 연기와 함께 완 후는 의자와 함께 사라졌다. 그 후로 아무도 완 후를 보지 못했다……